21世纪高等学校计算机类
课程创新系列教材·微课版

MySQL数据库设计与应用

第2版·微课视频版

肖宏启 杨丰嘉 李玉 谢珺 / 编著

清华大学出版社

北京

内容简介

MySQL 是目前流行的关系数据库管理系统之一。本书以 MySQL 8.0 数据库管理系统为平台,以(项目)任务教学法为主线,介绍了数据库系统的基本概念和应用技术。本书共包含 10 个教学单元,包括数据库基础知识(MySQL 的安装与配置),数据库设计,数据库和表的基本操作,表数据的增、删、改操作,表记录的检索,索引和视图,存储过程与触发器,事务与锁机制,数据库高级管理,银行业务系统数据库的设计与实现等内容。

本书以教务管理系统作为教学项目,以"网上书店"数据库作为单元实训项目,采用"学习要点—内容示例—归纳总结—习题实训"的结构体系设计每单元的内容。最后一单元以一个具体的项目开发设计过程,将数据库原理知识与实际数据库开发结合在一起。

本书提供了教学课件、项目库、习题库、试题库、微课视频等多种资源来辅助教师教学和学生学习。

本书可作为应用型本科、高职高专、成人教育的计算机相关专业的教材,也可作为从事计算机软件工作的科研人员、工程技术人员,以及其他相关人员的培训教材或参考书。

图书在版编目(CIP)数据

MySQL 数据库设计与应用:微课视频版 / 肖宏启等编著. -- 2 版. -- 北京:清华大学出版社,2024.12.
(21 世纪高等学校计算机类课程创新系列教材:微课版).
ISBN 978-7-302-67769-7

Ⅰ. TP311.132.3

中国国家版本馆 CIP 数据核字第 2024XK4419 号

责任编辑:黄　芝　李　燕
封面设计:刘　键
责任校对:徐俊伟
责任印制:刘海龙

出版发行:清华大学出版社
　　　　网　　　址:https://www.tup.com.cn,https://www.wqxuetang.com
　　　　地　　　址:北京清华大学学研大厦 A 座　　邮　　编:100084
　　　　社 总 机:010-83470000　　　　　　　　邮　　购:010-62786544
　　　　投稿与读者服务:010-62776969,c-service@tup.tsinghua.edu.cn
　　　　质量反馈:010-62772015,zhiliang@tup.tsinghua.edu.cn
　　　　课件下载:https://www.tup.com.cn,010-83470236
印 装 者:三河市铭诚印务有限公司
经　　销:全国新华书店
开　　本:185mm×260mm　　印　张:15.25　　　　字　　数:375 千字
版　　次:2021 年 8 月第 1 版　2024 年 12 月第 2 版　　印　　次:2024 年 12 月第 1 次印刷
印　　数:9001~10500
定　　价:49.80 元

产品编号:102393-01

前　言

　　本书根据高等学校计算机类相关专业人才培养的需要,结合行业企业对数据库开发与管理人员岗位技能的要求,以"实用、好用、够用"为原则编写。本书主要面向应用型本科及高等职业院校计算机类专业的学生,教材内容的构造力求体现"以应用为主体",强调理论知识的理解和运用。本书内容知识连贯,逻辑严密,实例丰富,内容翔实,可操作性强;深入浅出地展示了 MySQL 数据库的特性,系统全面地讲解了 MySQL 数据库的应用技巧。

　　本书根据职业技能标准的新要求对本书第 1 版内容进行了全面整理,并在第 1 版基础上进行了知识结构的梳理和体例设计的升级以及版式编排的优化。扩充了数据库设计的内容,更加体现以典型工作任务为驱动,并对全书主要知识点和项目任务提供微课视频。秉承"岗课赛证"融通式编写理念,将软件开发过程中对数据库岗位职业技能考核要求融入本书。

　　本书的参考学时为 72 学时,建议采用任务驱动的教学模式,以工作任务的完成为核心来构建理论知识结构和专业技能。全书共包含 10 个教学单元,课程教学内容及学时参考分配见表 1。

表 1　课程教学内容及学时分配参考表

单元	名　称	教学目标	学时
1	数据库基础知识	1. 了解数据库的相关概念和数据管理技术的发展 2. 了解结构化查询语言的特点 3. 掌握 MySQL 数据库的安装与配置方法 4. 掌握 MySQL 图形化管理工具的安装与使用方法	2
2	数据库设计	1. 理解实体、属性、属性间联系及联系类型 2. 掌握信息化现实世界的方法,理解实体及实体间联系的 E-R 图 3. 理解关系代数的操作运算符及运算规则 4. 掌握关系模型的概念,掌握关系数据模型规范化方法 5. 理解数据完整性约束规则及作用	6
3	数据库和表的基本操作	1. 掌握数据库的创建、查看、修改和删除等操作 2. 掌握数据表的创建、查看、修改和删除等操作 3. 了解 MySQL 的数据类型,掌握基本数据类型的使用 4. 掌握表的约束,以及给表添加约束的命令	12
4	表数据的增、删、改操作	1. 掌握向数据表中添加记录的方法 2. 掌握修改数据表中记录的方法 3. 掌握删除数据表中记录的方法	4

续表

单元	名　　称	教学目标	学时
5	表记录的检索	1. 熟练掌握查询简单数据记录的方法 2. 熟练掌握查询条件数据记录的方法 3. 熟练掌握查询分组数据的方法 4. 熟练掌握查询多表连接的方法 5. 熟练掌握子查询的方法 6. 能使用图形管理工具和命令方式实现数据的各类查询操作	16
6	索引和视图	1. 理解索引的概念和作用 2. 理解视图的概念和作用 3. 熟练掌握创建和管理索引的 SQL 语句的语法 4. 熟练掌握创建和管理视图的 SQL 语句的语法 5. 能使用图形管理工具和命令方式实现索引的创建、修改和删除操作 6. 能使用图形管理工具和命令方式实现视图的创建、修改和删除操作	8
7	存储过程与触发器	1. 熟练掌握 SQL 编程基础知识 2. 理解存储过程和函数的概念与作用 3. 理解触发器的概念与作用 4. 熟练掌握创建与管理存储过程和存储函数的 SQL 语句的语法 5. 熟练掌握创建与管理触发器的 SQL 语句的语法 6. 能使用图形管理工具和命令方式实现存储过程和存储函数的操作 7. 能使用图形管理工具和命令方式实现触发器的操作	10
8	事务与锁机制	1. 了解事务的概念 2. 了解事务的创建与存在周期 3. 掌握事务的查询和提交 4. 掌握事务行为 5. 掌握锁机制的基本知识 6. 掌握为 MyISAM 表设置表级锁的方法 7. 了解死锁的概念与避免方法 8. 理解事务的隔离级别	6
9	数据库高级管理	1. 了解数据备份的基本概念 2. 掌握 MySQL 中数据备份、数据恢复的基本操作 3. 掌握 MySQL 中创建、删除用户的基本操作 4. 掌握 MySQL 中授予、查看权限和收回权限的基本操作	6
10	银行业务系统数据库的设计与实现	略	2

本书是编者在多年的教学实践以及项目实战开发的基础上，参阅大量国内外相关教材后，几经修改而成的，主要特点如下。

（1）面向企业实际需求，以培养能力为目标。本书面向企业的实际工作需要，以企业实际应用项目为素材，以积累项目经验、培养应用能力、形成企业工作规范为目标，按照项目开发的工作过程组织编写。

（2）以项目为载体，以任务为驱动。全书以教师团队和携购科技有限公司联合开发的"教务管理系统"为主线重组教学内容，将学习过程、工作过程与学生知识技能的培养融合起来，并配套"网上书店"为并行"贯穿"项目，强化学生实践能力。

（3）配套资源丰富。免费提供包括微课视频在线题库、素材、源文件、教学课件、课程标准、课程整体教学设计、单元教学设计、考核方式等教学资源，并开发了在线开放课程，读者可以在超星"学习通"平台搜索"MySQL 数据库设计与应用"进行在线学习。

本书由肖宏启、杨丰嘉、李玉和谢珺编者，肖宏启统编全稿。在本书的编写过程中得到了携购科技有限公司总经理何海堂的倾力支持，在此表示衷心的感谢！

本书内容是编者多年从事数据库技术课程教学和项目实战开发经验的总结。由于时间仓促，加之作者水平所限，书中难免有疏漏与不妥之处，敬请广大读者批评指正。

编 者

2024 年 3 月

目 录

下载源码

数据库基础知识

在线答题

拓展阅读

本单元主要介绍数据库的基本概念,阐述数据库技术的产生、发展及其未来、数据库系统的组成和结构化查询语言,并从初学者的角度考虑,采用知识与实例配合的方式使读者轻松了解 MySQL 数据库的安装、配置和操作方法。

本单元主要学习目标如下:

- 了解数据库的相关概念和数据管理技术的发展。
- 了解结构化查询语言的特点。
- 掌握 MySQL 数据库的安装与配置方法。
- 掌握 MySQL 图形化管理工具的安装与使用方法。

1.1 数据库概述

我们国家有五千年的文明史,创造了浩瀚辉煌的古籍文献,我们的历史很多是靠这些典籍传承的,它们在弘扬中华优秀传统文化方面发挥着非常重要的作用。然而,在历史进程中,由于天灾人祸和自然环境变化的原因,许多古籍文献遭到破坏或流失,给子孙后代造成不可估量的损失。而现代信息技术的兴起,为古籍文献进行数字化处理创造了条件,这样无论多少年过去,古籍文献数据都将一直保存。

数据库技术是现代信息科学与技术的重要组成部分。数据库技术产生于20世纪60年代末,其主要目的是有效地管理和存取大量的数据资源。随着计算机技术的不断发展,数据库技术已成为计算机科学的重要分支。今天,数据库技术不仅应用于事务处理,还进一步应用到了情报检索、人工智能、专家系统、计算机辅助设计等领域。数据库的建设规模、数据库信息量的规模及使用频度已成为衡量一个企业、一个组织乃至一个国家信息化程度的重要标志。

下面以小张同学新学期第一天的学习生活为例来说明数据库技术与人们的生活息息相关。早上起床,小张想知道今天要上哪些课程,所以他登录学校的"教务管理信息系统",在"选课数据库"中查询到他今天的上课信息,包括课程名称、上课时间、上课地点、授课教师等;接着,小张走进食堂买早餐,当他刷餐卡时,学校的"餐饮管理信息系统"根据他的卡号在"餐卡数据库"里读取"卡内金额",并将"消费金额"等信息写入数据库;课后小张去图书馆借书,他登录"图书馆管理信息系统"后通过"图书数据库"查询书籍信息,选择要借阅的书籍,当他办理借阅手续时,该系统将小张的借阅信息(包括借书证号、姓名、图书编号、借阅日期等)写入数据库;晚上,小张去超市购物,"超市结算信息系统"根据条码到"商品数据库"

中查询物品名称、单价等信息,并计算结算金额、找零等数据。由此可见,数据库技术的应用已经深入人们生活的方方面面,科学地管理数据,为人们提供可共享的、安全的、可靠的数据变得尤为重要。

1.1.1 数据库的基本概念

观看视频

在信息时代,面对大量的信息和数据,如何有效地对数据进行收集、组织、存储、加工、传播管理和使用,是数据管理必须要解决的问题。数据库就是一种数据管理技术,可以帮助人们科学地组织和存储数据,高效地获取和处理数据,更广泛、更安全地共享数据。所以我们有必要先了解数据库中的一些基本概念。

1. 信息

信息(Information)是人脑对现实世界事物的存在方式、运动状态及事务之间联系的抽象。信息是指数据经过加工处理后所获得的有用的知识。信息是抽象的,不随数据形式的变化而改变,是以某种数据的形式表现的。例如,现实世界的一个学生学号为 S1001;姓名为张明;年龄为 20;性别为男。信息具有可感知、可存储、可加工、可再生等自然属性,是各行各业不可或缺的资源。

2. 数据

数据(Data)是描述事物的符号记录,可以是数字、文字、图形和声音等。数据是数据库中存储的基本对象,是信息的载体。人们在日常生活中为了交流信息,需要描述各种各样的事物,这时采用的通常是自然语言。例如,在学校内要描述一名学生通常会说:"张明是一名 2020 年入学的计算机科学系的男学生,2001 年 9 月出生,北京人"。但是计算机是不能直接识别以上自然语言的。在计算机中,为了存储和处理这些事物,就需要抽取出这些事物的部分特征,组成一条记录来描述。例如,我们对一个学生的基本信息最感兴趣的是姓名、性别、出生日期、籍贯、系别、入学时间,可以这样来描述一个学生:

(张明,男,2001.9,北京,计算机科学系,2020)

以上这条记录就是数据。对于这条记录,了解其含义的人会得到如下信息:张明是一名学生,男,2020 年入学,在计算机科学系学习,2001 年 9 月出生,北京人。而不了解其含义的人,就不能得出以上信息。可见,数据的形式还不能完全表达其内容,需要经过数据解释。所谓数据解释就是对数据含义的说明,数据的含义称为数据的语义,也就是数据承载的信息,数据与其语义是不可分的。因此,数据是信息的载体,是符号表示;信息是数据的内容,是数据解释。

3. 数据处理

数据处理又称为信息处理,是将数据转换成信息的过程,包括对数据的收集、存储、加工、检索和传输等一系列活动。其目的是从大量的原始数据中抽取和推导出有价值的信息,以进行各种应用。数据与信息之间的关系可以表示为"信息＝数据＋数据处理",即数据是原料,是输入;而信息是产出,是输出结果。

4. 数据管理

数据管理是数据处理的核心,是指数据的分类、组织、编码、存储、检索和维护等操作。数据管理技术的优劣直接影响到数据处理的效果。数据库技术正是为瞄准这一目标而研究、发展并完善起来的专门技术。

5．数据库

数据库(DataBase,DB),简单来说,就是存放数据的仓库。只不过这个仓库是长期存储在计算机中的,是有组织的、可共享的相关数据集合。数据库具有如下特性。

(1)数据库是具有逻辑关系和确定意义的数据集合。

(2)数据库是针对明确的应用目标而设计、建立和加载的。每个数据库都具有一组用户,并为这些用户的应用需求服务。

(3)一个数据库反映了客观事物的某些方面,而且需要与客观事物的状态保持一致。

(4)数据库中存放的数据独立于应用程序。数据的存取操作由数据库管理系统(DataBase Management System,DBMS)负责,极大减少了应用程序维护的成本。而且数据库中的数据可以被新的应用程序所使用,增强了数据库的共享性和易扩充性。

(5)数据库集中了各种应用程序的数据,这些数据可以长期存储在计算机的辅助存储器中,用户只有在向数据库管理系统提出某些明确请求时,才能到数据库中对数据进行各种操作。

(6)数据库将多个应用程序的数据统一存储并集中使用,将数据库中的多个文件组织起来,相互之间建立密切的联系,尽可能避免同一数据的重复存储,减少和控制了数据冗余,保证了整个系统数据的一致性。

1.1.2　数据管理技术的发展

观看视频

任何一种技术都不是凭空产生的,而是经历了长期的发展过程,通过了解数据库技术的发展历史,可以理解现在的数据库技术是基于什么样的需求而诞生的。数据库技术是随着数据管理任务的需求而产生的,管理数据是数据库最核心的任务。数据处理是指对各种数据进行收集、加工、存储和传播的一系列活动的总和。数据管理则是指对数据进行的分类、组织、编码、存储、检索和维护,它是数据处理的核心问题。

计算机设计的初衷是进行复杂的科学计算。随着计算机技术的快速发展,人们开始利用计算机进行数据的管理。总体来说,数据管理技术的发展经历了如下几个阶段:人工管理阶段、文件系统阶段、数据库系统阶段。

1．人工管理阶段

在20世纪50年代中期以前,计算机主要用于科学计算,硬件方面没有磁盘等直接存取设备,只有磁带、卡片和纸带;软件方面没有操作系统和管理数据的软件。数据的输入、存取等,需要人工操作。人工管理阶段处理数据非常麻烦和低效,该阶段具有如下特点。

(1)数据不在计算机中长期保存,用完就删除。

当时的计算机主要应用于科学计算,并不需要长期保存数据,只是在需要时输入数据,完成计算后就可以删除数据。

(2)没有专门的数据管理软件,数据需要应用程序自己管理。

当时并没有相关的软件来管理数据,数据需要由应用程序自己来管理。应用程序不仅要规定数据的逻辑结构,还要设计数据的物理结构,如存储结构、存取方法等。

(3)数据是面向应用程序的,不同应用程序之间无法共享数据。

数据是面向应用的,一组数据只能对应一个应用程序。当多个应用程序涉及某些相同的数据时,必须各自定义,无法相互利用、相互参照,产生了大量的冗余数据。

（4）数据不具有独立性，完全依赖于应用程序。

由于是使用应用程序管理数据，因此当数据的逻辑结构或物理结构发生变化时，必须也对应用程序进行相应的修改。

图 1-1　人工管理阶段

人工管理阶段的应用程序与数据集的对应关系如图 1-1 所示。

2. 文件系统阶段

从 20 世纪 50 年代后期到 20 世纪 60 年代中期，硬件方面有了磁盘等直接存取设备，软件方面有了操作系统，数据管理进入了文件系统阶段。这个阶段，数据以文件为单位保存在外存储器上，由操作系统管理，程序和数据分离，实现了以文件为单位的数据共享。文件系统阶段具有如下特点。

（1）数据实现了长期保存。

由于计算机逐步被应用于数据管理领域，数据可以以文件的形式长期保存在外存储器上，以供应用程序进行查询、修改、插入、删除等操作。

（2）由文件系统管理数据。

由专门的软件即文件系统管理数据，文件系统把数据组织成相互独立的数据文件，采用"按文件名访问，按记录存取"的技术对文件进行各种操作。文件系统提供存储方法负责应用程序和数据之间的转换，使得应用程序与数据之间有了一定的独立性，程序员可以更专注于算法的设计而不必过多地考虑物理细节，而且数据在存储上的改变不一定反映到应用程序上，在很大程度上减少了应用程序维护的工作量。

（3）数据共享率低，冗余度高。

在文件系统中，文件仍然是面向应用程序的。当不同的应用程序具有部分相同的数据时，必须要建立各自的文件，由于不能共享相同数据，导致数据的冗余度高。同时，这部分相同数据的重复存储和独立管理极易导致数据的不一致，给数据的修改和维护带来困难。

（4）数据独立性差。

图 1-2　文件系统阶段

文件系统中的文件是为某一特定的应用程序服务的，数据和应用程序之间是相互依赖的关系，要想改变数据的逻辑结构也要相应地修改应用程序和文件结构的定义。对应用程序进行修改，也会引起文件结构的改变。因此数据和应用程序之间缺乏独立性，文件系统并不能完全反映客观世界事物之间的内在联系。

文件系统阶段的应用程序与文件的对应关系如图 1-2 所示。

3. 数据库系统阶段

20 世纪 60 年代后期以来，随着计算机性能的日益提高，其应用领域也日益扩大，数据量急速增长，同时多种应用、多种语言互相交叉地共享数据集合的要求也越来越多。这一时期，计算机硬件技术快速发展，大容量磁盘、磁盘阵列等基本的数据存储技术日趋成熟并投入使用，同时价格不断下降；而软件方面，编制和维护系统软件及应用程序所需的成本却在不断增加；在处理方式上，联机实时处理要求更多，人们开始考虑分布式处理。以上种种导致文件系统作为数据管理手段已经不能满足应用的需要。为了满足和解决实际应用中多个用户、多个应用程序共享数据的要求,从而使数据能为尽可能多的应用程序服务,数据库这样的数据管理技术应运而生。数据库的特点是数据不再只针对某一个特定的应用,而是面向全组织,共享性高,冗余度低,程序与数据之间具有一定的独立性,由数据库对数据进行统一控制。数据库系统阶段具有如下特点。

(1) 数据结构化。

数据库系统实现了整体数据的结构化,这是数据库主要的特征之一。这里所说的"整体"结构化,是指在数据库中的数据不只是针对某个应用程序,而是面向整体的。

(2) 数据共享。

因为数据是面向整体的,所以数据可以被多个用户、多个应用程序共享使用,可以大幅度地减少数据冗余,节约存储空间,避免数据之间的不相容性与不一致性。

例如,企业为所有员工统一配置即时通信和电子邮箱软件,若两种软件的用户数据(如员工姓名、所属部门、职位等)无法共享,就会出现如下问题。

① 两种软件各自保存自己的数据,数据结构不一致,无法互相读取。软件的使用者需要向两个软件分别录入数据。

② 由于相同的数据保存两份,会造成数据冗余,浪费存储空间。

③ 若修改其中一份数据,忘记修改另一份数据,就会造成数据的不一致。

使用数据库系统后,数据只需保存一份,其他软件都通过数据库系统存取数据,就实现了数据的共享,解决了前面提到的问题。

(3) 数据独立性高。

数据的独立性包含逻辑独立性和物理独立性。其中,逻辑独立性是指数据库中数据的逻辑结构和应用程序相互独立,物理独立性是指数据物理结构的变化不影响数据逻辑结构。

(4) 数据由数据库管理系统统一管理和控制。

数据库为多个用户和应用程序所共享,对数据库中数据的存取很多时候是并发的,即多个用户可以同时存取数据库中的数据,甚至可以同时存取数据库中的同一个数据,为确保数据库数据的正确有效和数据库系统的有效运行,数据库管理系统提供以下几方面的数据控制功能。

① 数据安全性控制:防止因不合法使用而造成数据的泄露和破坏,保证数据的安全和机密。

② 数据完整性控制:系统通过设置一些完整性规则,以确保数据的正确性、有效性和相容性。

③ 并发控制:当多个用户同时存取、修改数据库时,可能由于相互干扰而给用户提供不正确的数据,并使数据库遭到破坏,因此必须对多用户的并发操作加以控制和协调。

④ 数据恢复:当数据库被破坏或数据不可靠时,系统有能力将数据库从错误状态恢复到最近某一时刻的正确状态。

数据库系统阶段应用程序与数据的对应关系如图 1-3 所示。

图 1-3 数据库系统阶段

观看视频

1.1.3　数据库管理系统

数据库管理系统是一种操纵和管理数据库的大型软件,用于建立、使用和维护数据库。它对数据库进行统一的管理和控制,以保证数据库的安全性和完整性。用户通过数据库管理系统访问数据库中的数据,数据库管理员也通过数据库管理系统进行数据库的维护工作。数据库管理系统使多个应用程序和用户可以用不同的方法在同一时刻或不同时刻建立、修改和询问数据库。数据库管理系统是数据库系统的核心,是管理数据的软件,是数据库系统的一个重要组成部分。数据库管理系统帮助用户把抽象的逻辑数据处理转换为计算机中具体的物理数据处理。这样,用户可以对数据进行抽象的逻辑处理,而不必理会这些数据在计算机中的布局和物理位置。

数据库管理系统功能强大,主要包括以下几个方面。

(1) 数据定义功能。

数据库管理系统提供数据定义语言(Data Definition Language,DDL)用于描述数据的结构、约束性条件和访问控制条件,为数据库构建数据框架,以便操作和控制数据。

(2) 数据操纵功能。

数据库管理系统提供数据操纵语言(Data Manipulation Language,DML)用于操纵数据,实现对数据库的基本操作,如追加、删除、更新、查询等。数据库管理系统对相应的操作过程进行确定和优化。

(3) 数据库的运行管理功能。

数据库的运行管理功能包括多用户环境下的并发控制、安全性检查和存取限制控制、完整性检查和执行、运行日志的组织管理、事务的管理和自动恢复。这些功能保证了数据库系统的正常运行。

(4) 数据组织、存储与管理功能。

数据库管理系统要分类组织、存储和管理各种数据,包括数据字典、用户数据、存取路径等,需确定以何种文件结构和存取方式在存储级别上组织这些数据,以及如何实现数据之间的联系。数据组织和存储的基本目标是提高存储空间利用率,选择合适的存取方法以提高存取效率。

(5) 数据库的保护功能。

数据库管理系统对数据库的保护通过 4 个方面来实现:数据库的恢复、数据库的并发控制、数据库的完整性控制、数据库的安全性控制。数据库管理系统的其他保护功能还有系统缓冲区的管理以及数据存储的某些自适应调节机制等。

(6) 数据库的维护功能。

数据库的维护功能包括数据库的数据载入、转换、转储,数据库的重组织以及性能监控等,这些功能由各个实用程序来完成。

(7) 数据库接口功能。

数据库管理系统提供数据库的用户接口,以适应各类不同用户的不同需要。

1.1.4　数据库系统

数据库系统(DataBase System,DBS)是计算机系统的重要组成部分,是指引入了数据

观看视频

库后的计算机系统。数据库系统通常由硬件、软件、数据库、人员组成。

数据库系统的结构如图1-4所示。

（1）硬件：构成计算机系统的各种物理设备，包括存储所需的外部设备。硬件的配置应能满足整个数据库系统的需要。

（2）软件：包括操作系统、数据库管理系统及应用程序。

（3）数据库：长期存储在计算机内的、有组织的、可共享的数据的集合。

（4）人员：主要有4类。

第一类为系统分析员和数据库设计人员。系统分析员负责应用系统的需求分析和

图1-4　数据库系统的结构

规范说明，他们和最终用户及数据库管理员一起确定系统的硬件配置，并参与数据库系统的概要设计。数据库设计人员负责数据库中数据的确定，以及数据库各级模式的设计。

第二类为应用程序员。他们负责编写使用数据库的应用程序，这些应用程序可对数据进行检索、建立、删除或修改。

第三类为最终用户。他们利用系统的接口或查询语言访问数据库。

第四类为数据库管理员（DataBase Administrator，DBA）。他们负责数据库的总体信息控制。DBA的具体职责包括：决定数据库中的信息内容和结构，决定数据库的存储结构和存取策略，定义数据库的安全性要求和完整性约束条件，监控数据库的使用和运行，改进数据库的性能，对数据库进行重组和重构以提高系统的性能。

1.1.5　结构化查询语言

观看视频

为了更好地提供从数据库中简单有效地读取数据的方法，1974年，Boyce和Chamberlin提出了一种称为SEQUEL的结构化查询语言。1976年，IBM公司的San Jose研究所在研究关系数据库管理系统System R时将其修改为SEQUEL 2，即目前的结构化查询语言（Structured Query Language，SQL），它是一种专门用来与数据库通信的标准语言。

在MySQL中，根据SQL的特点，可以将SQL分为3种类型：数据定义语言、数据操纵语言和数据控制语言。充分体现了关系数据语言的特点。

（1）数据定义语言。数据定义语言是基础的SQL类型，用来创建数据库和创建、修改、删除数据库中的各种对象，为其他语言的操作提供对象。只有在创建数据库和数据库中的各种对象之后，数据库中的各种操作才有意义。例如，数据库、表、触发器、存储过程.视图、索引、函数及用户等都是数据库中的对象，都需要经过定义才能使用。常用的数据定义语言的语句是CREATE、DROP和ALTER。

（2）数据操纵语言。数据操纵语言用来完成数据查询和数据更新操作，其中数据更新是指对数据进行插入、删除和修改操作。常用的数据操纵语言的语句是SELECT、INSERT、UPDATE和DELETE。

（3）数据控制语言。数据控制语言用来设置或更改数据用户或角色权限，主要包括

GRANT 语句和 REVOKE 语句。GRANT 语句可以将指定的安全对象的权限授予相应的主体，REVOKE 语句则可以删除授予的权限。

SQL 有以下几个方面的特点。

（1）风格统一。

SQL 不是某个特定数据库供应商专有的语言，所有关系数据库都支持 SQL。SQL 风格统一，可以独立完成数据库生命周期中的全部活动，包括定义关系模式、录入数据以建立数据库、查询、更新、维护、数据库重构、数据库安全性控制等一系列操作，这就为数据库应用系统开发提供了良好的环境。例如，用户在数据库投入运行后，还可根据需要随时在不影响数据库运行的情况下修改，从而使系统具有良好的可扩展性。

（2）高度非过程化。

非关系数据模型的数据操纵语言是面向过程的，用其完成某项请求时必须指定存取路径。而用 SQL 进行数据操作，用户只需提出"做什么"，不必指明"怎么做"，因此用户无须了解存取路径，存取路径的选择以及 SQL 语句的操作过程都由系统自动完成。这不但大大减轻了用户负担，而且有利于提高数据独立性。

（3）面向集合的操作方式。

SQL 采用集合操作方式，不仅查找结果可以是元组的集合，而且一次插入、删除、更新操作的对象也可以是元组的集合。非关系数据模型采用的是面向记录的操作方式，任何一个操作的对象都是一条记录。例如，查询所有平均成绩在 80 分以上的学生姓名，用户必须说明完成该请求的具体处理过程，即如何用循环结构按照某条路径把满足条件的学生记录一条一条地读出来。

（4）以同一种语法结构提供两种使用方式。

SQL 既是自含式语言，又是嵌入式语言。作为自含式语言，它能够独立用于联机交互的使用方式，用户可以在终端键盘上直接输入 SQL 语句对数据库进行操作；作为嵌入式语言，SQL 语句能够嵌入高级语言（如 C、Java）程序中，供程序员设计程序时使用。在两种不同的使用方式下，SQL 的语法结构基本一致。这种以统一的语法结构提供两种不同的使用方式的特点，为用户带来极大的灵活性与方便性。

（5）语言简洁，易学易用。

SQL 语句非常简洁。SQL 功能很强，为完成核心功能，只用了 6 个命令，包括 SELECT、CREATE、INSERT、UPDATE、DELETE、GRANT（REVOKE）。另外，SQL 也非常简单，很接近英语自然语言，因此容易学习和掌握。SQL 目前已成为应用最广的关系数据库语言。

1.1.6　常见的数据库管理系统

1. 常见的国外数据库管理系统

1）Oracle

Oracle 是甲骨文公司的一款关系数据库管理系统（Relational DataBase Management System，RDBMS），在数据库领域一直处于领先地位。Oracle 产品系列齐全，几乎囊括所有应用领域，大型、完善、安全，可以支持多个实例同时运行。它能在几乎所有主流平台上运行，支持所有的工业标准，采用完全开放策略，可以使客户选择最适合的解决方案，对开发商

观看视频

给予全力支持。可以说 Oracle 是目前世界上使用最广泛的关系数据库管理系统之一,通常大型企业都会选择 Oracle 作为后台数据库来处理海量数据。

2) SQL Server

SQL Server 是由微软公司开发的一个大型关系数据库管理系统,具有使用方便、可伸缩性好、与相关软件集成度高等优点,为用户提供了一个安全、可靠、易管理的高端客户机/服务器数据库平台,现在已经广泛应用于电子商务、银行、保险等各行业。它最初是由 Microsoft、Sybase 和 Ashton-Tate 三家公司共同开发的,于 1988 年推出了第一个 OS/2 版本。在 Windows NT 推出后,Microsoft 与 Sybase 在 SQL Server 的开发上正式分开。Microsoft 将 SQL Server 移植到 Windows NT 系统上,专注于开发推广 SQL Server 的 Windows NT 版本;Sybase 则专注于 SQL Server 在 UNIX 操作系统上的应用。

3) MySQL

MySQL 是一个关系数据库管理系统,由瑞典 MySQL AB 公司开发,属于甲骨文公司旗下产品,是最流行的关系数据库管理系统之一。在 Web 应用方面,MySQL 是最好的关系数据库管理系统应用软件。

MySQL 具有跨平台的优点,它不仅可以在 Windows 平台上使用,还可以在 UNIX、Linux 和 macOS 等平台上使用。由于其体积小、速度快、总体拥有成本低,尤其是开放源码这一特点,一般中小型网站的开发都选择 MySQL 作为网站后台数据库。

4) DB2

DB2 是由美国 IBM 公司开发的一种关系数据库管理系统,它主要运行在 UNIX、Linux、Windows 及 IBM i(旧称 OS/400)服务器等平台上。

DB2 主要应用于大型应用系统,具有较好的可伸缩性,支持从大型机到单用户等各种环境,可应用于所有常见的服务器操作系统平台。DB2 支持标准的 SQL,并且提供了高层次的数据完整性、安全性、可恢复性,以及从小规模到大规模应用程序的执行能力,适用于海量数据的存储。DB2 的查询优化器功能强大,其外部连接改善了查询性能,支持多任务并行查询。DB2 具有很好的网络支持能力,每个子系统可以连接十几万个分布式用户,可同时激活上千个活动线程,对大型分布式应用系统尤为适用。但相对于其他数据库管理系统,DB2 的操作比较复杂。

5) SQLite

SQLite 是一种轻型数据库,它是遵守 ACID(数据库事务正确执行的 4 个特性)原则的关系数据库管理系统,包含在一个相对小的 C 库中。它的设计目标是嵌入式的,而且已经使用在很多嵌入式产品中,它占用资源非常少,能够支持 Windows、Linux、UNIX 等主流操作系统,同时能够和很多程序语言相结合。

6) PostgreSQL

PostgreSQL 是一款功能非常强大、源代码开放的关系数据库管理系统,它以美国加利福尼亚大学计算机系开发的 POSTGRES 4.2 为基础。

PostgreSQL 支持大部分的 SQL 标准并且提供了很多其他现代特性,如复杂查询、外键、触发器视图、事务完整性、多版本并发控制等。同样,PostgreSQL 也可以用许多方法扩展,如增加新的数据类型、函数、操作符、聚集函数、索引方法、过程语言等。

另外,由于 PostgreSQL 代码逻辑清晰、许可证灵活,因此很多公司都在该数据库管理系统上进行二次开发，以拥有具有自身特色的数据库管理系统。

2. 常见的国内数据库管理系统

1）华为高斯数据库

华为高斯数据库（GaussDB）是华为技术有限公司（简称华为公司）自2007年开始，基于不同的底层数据库自主研发的分布式数据库管理系统。为了向德国数学家高斯（Gauss）致敬，华为公司将自己的数据库命名为GaussDB，于2019年5月发布，包括两个品牌：GaussDB和OpenGauss。

（1）GaussDB。

GaussDB系列数据库包括GaussDB T和GaussDB A数据库，同时支持x86处理器和鲲鹏处理器。GaussDB T是华为公司基于GMDB（GMDB是华为公司最早自主研发的内存数据库，主要应用于电信相关领域）与招商银行合作开发完成的分布式数据库管理系统，主要面向联机事务处理（OnLine Transaction Processing，OLTP），目前已经在招商银行若干系统中上线，如"掌上生活"。GaussDB A是华为公司基于PostgreSQL 9.2与中国工商银行合作研发的纯联机分析处理（OnLine Analytical Processing，OLAP）类数据库，是一款分布式大规模并行处理（Massively Parallel Processing，MPP）数据库，主要应用于在线OLAP。

华为全联接大会2023期间，华为云正式发布GaussDB向量数据库。GaussDB向量数据库基于GaussDB开发，具备一站式部署、全栈自主创新的优势，并且在ANN-Benchmarks中排名第一，技术实力深厚。在大模型技术、产品和应用层出不穷的当下，GaussDB向量数据库将为大模型行业深度赋能，加速盘古大模型行业落地。

向量数据库解决了大模型大规模落地面临的知识更新速度慢、数据隐私不可控和没有"长期记忆"等问题，突破了大模型在时间和空间上的限制，既是企业数据和大模型之间的"连接器"，也是大模型走向行业深度应用的"助推器"。以GaussDB向量数据库为代表的向量数据库产品将帮助企业更高效、更便捷地使用大模型，充分释放数据价值，加速企业迈向AI时代的步伐。

（2）OpenGauss。

OpenGauss也是基于PostgreSQL进行的二次开发，融合了华为公司多年来在数据库领域的核心经验，是一款高性能、高安全、高可靠的企业级开源关系数据库。它优化了体系结构、事务、存储引擎、优化器和ARM体系结构，具有多核高性能、智能运维等特色。

2020年7月，OpenGauss正式开源，作为一个全球性的数据库开源社区，积极推动了PostgreSQL在全球的发展，进一步推动数据库软硬件应用生态系统的发展和丰富。

2）达梦数据库管理系统

达梦数据库是国内领先的数据库产品开发服务商，自2000年成立以来，一直致力于数据库软件及集群软件、云计算与大数据等一系列数据库产品的研发和提供相关技术服务。公司坚持原始创新、独立研发的技术路线，已掌握数据管理与数据分析领域的核心前沿技术，并拥有主要产品全部核心源代码的自主知识产权。达梦数据库的服务对象包括中国建设银行、中国人保、国家电网、中国航信、中国移动、中国烟草等知名用户，成功应用于金融、能源、航空、通信等数十个领域。根据赛迪顾问及IDC发布的报告显示，2019年至2022年，达梦数据库的市场占有率在中国数据库管理系统市场中位列国内数据库厂商前列。

　　达梦数据库的前身是华中科技大学数据库与多媒体研究所,是国内最早从事数据库管理系统研发的科研机构。公司是国内数据库基础软件产业发展的关键推动者之一,为国有控股的基础软件企业。达梦数据库是中国数据库标准委员会组长单位,40年来坚持自主原创技术路线,产品应用于国家重大核心领域。

　　达梦数据库的产品线包括DM8、DM7等,其中DM8提供了包括系统级审计、语句级审计、对象级审计在内的多种审计功能,支持基于角色的权限管理,提供强制访问控制功能,支持SSL协议的通信加密,实现了对存储数据的透明存储加密等,确保了数据的安全性和保密性。DM8还提供了与其他数据库系统兼容的特性,尤其针对Oracle的全方位兼容,以降低用户学习成本和迁移成本。

　　此外,达梦数据库还推出了数据共享集群(DMDSC)、启云数据库(DMCDB)、蜀天梦图数据库(GDM)、新一代分布式数据库等新品,成功向全栈数据产品和解决方案提供商转型升级。达梦数据库一体机DAMENG PAI为多个行业提供了解决方案,如中银保险的保险卡、互联互通、OA等方面的业务需求。

　　3)瀚高数据库

　　瀚高数据库(HighGo DB)是瀚高基础软件股份公司基于PG内核,融合大量的数据库开发经验及在企业级应用方面探索的积累,为企业级客户精心打造的一款拥有完全国产自主知识产权、面向核心交易型业务处理的企业级关系数据库。

　　瀚高数据库HighGo DB V6全面拓展了丰富的企业级功能,在业务处理性能、高可用性、安全性及易用性方面均有大幅度增强,主要增强功能包括备份恢复管理、流复制集群管理、定时任务管理、闪回查询、内核诊断、数据库性能采集分析与监控机制、在线DDL增强、全库加解密中文分词与检索等。

　　HighGo DB V6主要面向政府、金融等重点行业和领域,已与国内整机厂商、CPU厂商、操作系统厂商、中间件厂商等生态合作伙伴完成了兼容适配。

　　4)南大通用数据库

　　南大通用数据库(GBase)是南大通用数据技术有限公司研发的自主品牌的数据库产品,在国内数据库市场具有较高的品牌知名度。GBase系列产品包括新型分析数据库GBase 8a、分布式并行数据库集群GBase 8a Cluster、高端事务数据库GBase 8t、高速内存数据库GBase 8m/AltiBase、可视化商业智能GBase BI、大型目录服务体系GBase 8d、硬加密安全数据库GBase 8s。

　　作为软件系统的基础,操作系统、数据库、办公软件和中间件在信息技术、互联网不断发展的今天扮演着基础设施的关键角色,但长期以来,我国基础软件市场基本被外国公司垄断,国产基础软件研究与开发不能满足市场需求。2023年2月,习近平总书记在主持中共中央政治局集体学习时强调,要打好科技仪器设备、操作系统和基础软件国产化攻坚战。数据库作为基础设施中重要的一环,承担着不可忽视的作用。近几年国产数据库得到了飞速的发展,特别是云数据库、分布式数据库产品也越来越多。

　　打铁还需自身硬,无须扬鞭自奋蹄!从常见的国内数据库可以看出,其中大多是面向需求、基于PG内核的二次开发。因此,在学习中只有了解原有产品的架构,掌握基础知识,具备创新意识和创新能力,才能研发出受用户欢迎的产品。

1.2　MySQL 的安装与配置

1.2.1　MySQL 概述

1. MySQL 的发展史

观看视频

作为最受欢迎的开源关系数据库管理系统，MySQL 最早来自于 MySQL AB 公司的 ISAM 与 mSQL 项目（主要用于数据仓库场景），1996 年 MySQL 1.0 诞生，当时只支持 SQL 特性，还没有事务支持。

MySQL 3.11.1 是第一个对外提供服务的版本，MySQL 主从复制功能也是从这个时候加入的。

2000 年前后，设计人员尝试将 InnoDB 引擎加入 MySQL。

2003 年 12 月，MySQL 5.0 提供了视图、存储过程等功能。

2008 年 1 月，MySQL AB 公司被 Sun 公司收购，MySQL 进入 Sun 时代。Sun 公司对其进行了大量的推广、优化和漏洞修复等工作。

2008 年 11 月，MySQL 5.1 发布，它提供了分区、事件管理功能，以及基于行的复制和基于磁盘的 NDB 集群系统，同时修复了大量的漏洞。

2009 年 4 月，甲骨文公司收购 Sun 公司，自此 MySQL 进入 Oracle 时代，而其第三方存储引擎 InnoDB 早在 2005 年就被甲骨文公司收购。

2010 年 12 月，MySQL 5.5 发布，主要新特性包括半同步的复制以及对 SIGNAL/RESIGNAL 的异常处理功能的支持，最重要的是 InnoDB 存储引擎变为 MySQL 的默认存储引擎。MySQL 5.5 不是一次简单的版本更新，而是加强了 MySQL 企业级各个方面应用的特性。甲骨文公司同时也承诺 MySQL 5.5 和未来版本仍是采用 GPL 授权的开源产品。已知的 MySQL 第三方发行版基本上都以这一版本为基础扩展独立分支。由于 MySQL 5.5 的广泛使用，甲骨文公司仍然对这个版本提供维护。

2011 年 4 月，MySQL 5.6 发布，作为被甲骨文公司收购后第一个正式发布并进行了大量变更的版本（5.5 版本主要是对社区开发功能的集成），其对复制模式、优化器等进行了大量的变更，主从 GTID（全局事务 ID）复制模式大大降低了 MySQL 高可用操作的复杂性。

2013 年 4 月，MySQL 5.6GA 发布，变更了新特性，并作为独立的 5.7 分支被进一步开发，在并行控制、并行复制等方面进行了大量的优化调整。MySQL 5.7GA 于 2015 年 10 月发布。

2016 年 9 月，甲骨文公司决定跳过 MySQL 5.x 命名系列，并抛弃之前的 MySQL 6、7 两个分支直接进入 MySQL 8 时代，正式启动 MySQL 8.0 的开发。

MySQL 从无到有，技术不断更新，版本不断升级，经历了一个漫长的过程，目前最高版本是 MySQL 8.0。时至今日，MySQL 和 PHP（Hypertext Preprocessor，超文本预处理器）完美结合，被应用到很多大型网站的开发上。

2. MySQL 的特点

（1）快速、健壮和易用。

MySQL 提供了优化的查询算法，可有效提高查询速度，处理拥有上千万条记录的大型数据库。它提供 C、C++、Java(JDBC)、Perl、Python、PHP 和 TCL 的 API 接口；提供多平台支持,包括 Solaris、SunOS、BSDI、SGI IRIX、AIX、DEC UNIX、Linux、FreeBSD、SCOOpenServer、NetBSD、OpenBSD、HPUX、Win 9x 和 Win NT 等。MySQL 支持多种语言、多样的数据类型,同时还提供了安全权限系统以及密码加密机制。MySQL 为 Windows 提供开放数据库互联(Open DataBase Connectivity,ODBC)接口,可通过关系数据库管理系统 Access 与之相联,第三方开发商也提供了多样的 ODBC 驱动程序。从 MySQL 3.23 开始,新增了 MyISAM 存储引擎,最大表尺寸增加到了 65 536TB($256^7 - 1$ 字节)。

(2) MySQL 自身不支持 Windows 的图形界面。

由于 MySQL 自身不支持 Windows 的图形界面,因此所有的数据库操作及管理功能都只能在 MS-DOS 方式下完成。随着 MySQL 的知名度日益增加,许多第三方软件公司推出了 MySQL 适用于 Windows 环境的具有图形界面的支持软件,如 EMS MySQL MANAGER、Navicat for MySQL、MySQL Workbentch 等,它们都提供了 Windows 形式的 MySQL 数据库操作功能。

1.2.2　MySQL 的下载与安装

观看视频

MySQL 与其他大型数据库(如 Oracle、DB2、SQL Server 等)相比,有不足之处,如规模小、功能有限等,但是这丝毫没有减少它受欢迎的程度。对于个人使用者和中小型企业来说,MySQL 提供的功能已足够了,而且由于 MySQL 是开放源代码软件,因此可以大大降低总体拥有成本。

Internet 上流行的网站构架方式是 LAMP(Linux+Apache+MySQL+PHP),即使用 Linux 作为操作系统,Apache 作为 Web 服务器,MySQL 作为数据库,PHP 作为服务器端脚本解释器。由于这 4 个软件都是免费或开放源代码软件(Free/Libre and Open Source Software,FLOSS),因此使用这种方式不花一分钱(除人工成本)就可以建立起一个稳定、免费的网站系统。

1. 下载 MySQL

MySQL 针对个人用户和商业用户提供不同版本的产品。MySQL Community Edition (社区版)是供个人用户免费下载的开源数据库,而对于商业客户,有标准版、企业版、集成版等多个版本可供选择,以满足特殊的商业和技术需求。

MySQL 是开源软件,个人用户可以登录其官方网站直接下载相应的版本。登录 MySQL Downloads 页面,将页面滚动到底部,如图 1-5 所示。

单击 MySQL Community (GPL) Downloads 超链接,进入 MySQL Community Downloads 页面,如图 1-6 所示。

单击 MySQL Community Server 超链接,进入 MySQL Community Downloads 页面,将页面滚动到图 1-7 所示的位置。

根据自己的操作系统选择合适的安装文件,这里以针对 Windows 64 位操作系统的 MySQL Sever 为例介绍。

单击 Download 按钮,进入图 1-8 所示的 Begin Your Download 页面。

单击"No thanks,just start my download."超链接,开始下载。

需要注意的是,MySQL 提供了 32 位和 64 位两种版本,本书以 64 位版本为例进行讲解,在图 1-7 所示页面中选择 mysql-installer-community-8.0.21.0.msi 进行下载。

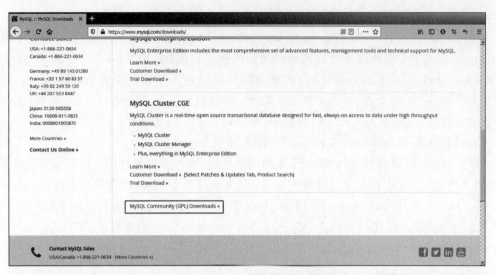

图 1-5　MySQL Downloads 页面

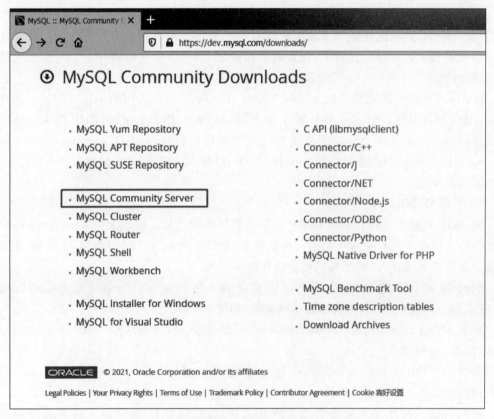

图 1-6　MySQL Community Downloads 页面

2. 安装 MySQL

MySQL 下载完成后，找到安装文件，双击进行安装，具体操作步骤如下。

（1）双击下载的 mysql-installer-community-8.0.21.0.msi 文件，弹出如图 1-9 所示的 MySQL Installer 安装向导。

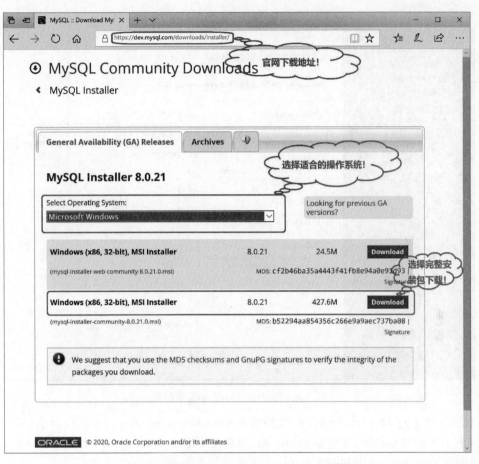

图 1-7 MySQL Community Downloads 页面

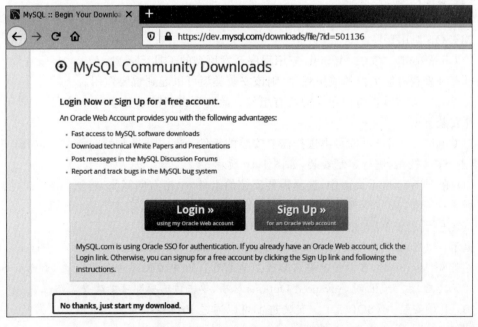

图 1-8 Begin Your Download 页面

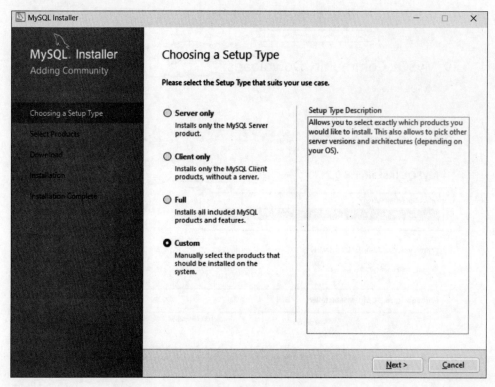

图 1-9　MySQL Installer 安装向导

（2）在弹出的 MySQL Installer 安装向导 Choosing a Setup Type(选择安装类型)窗口中，列出了 4 种安装类型，分别是 Server only(服务器版本)、Client only(客户端版本)、Full(完全安装)和 Custom(定制安装)。

4 种安装类型的含义如下。

① Server only。只安装 MySQL 服务器，此类型应用于部署 MySQL 服务器，但不需要开发 MySQL 应用程序。

② Client only。安装 MySQL 应用程序开发所需的工具，不包括 MySQL 服务器本身。如果打算开发现有服务器的应用程序，则该安装类型可以起到重要作用。

③ Full。安装软件包内包含的所有组件。此选项占用的磁盘空间比较大，一般不推荐用这种安装类型。

④ Custom。用户可以自由选择需要安装的组件。本书选择此种安装类型，如图 1-9 所示，单击 Next 按钮，进行定制安装，如图 1-10 所示。

（3）在图 1-10 所示页面中，选择需要安装的组件，单击右向箭头，将所需安装的组件加入右侧树状视图内。如需删除，则单击左向箭头。选择完成后，单击 Next 按钮。

（4）进行安装确认，如图 1-11 所示，单击 Execute 按钮。

提示：MySQL 8.0 的默认安装路径为 C:\Program Files\MySQL\MySQL Server 8.0，当安装类型为 Custom 时，可以修改安装路径。单击图 1-10 中右侧树状视图中的 MySQL Server 8.0.34-X64 后，右下角出现 Advanced Options 选项，单击该选项即可更改安装路径。

（5）开始安装 MySQL 8.0。安装进度可以通过 Progress 查看，当 Status 为 Complete 时，如图 1-12 所示，单击 Next 按钮。

图 1-10 MySQL 定制安装界面

图 1-11 安装确认界面

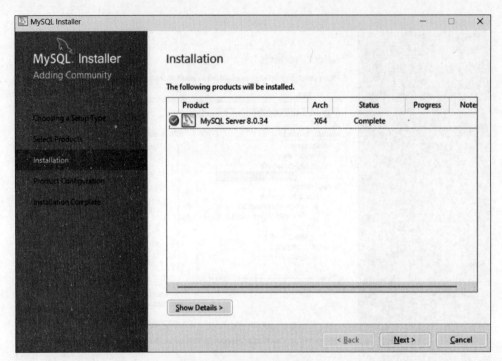

图 1-12   完成 MySQL 的安装

产品安装完成之后,要想正常使用还需进行一系列配置。

提示:如果此处单击 Cancel 按钮,则进入 C:\Program Files\MySQL\MySQL Installer for Windows 的目录下,查找到 MySQLInstaller.exe 文件,双击该可执行文件,启动后,进行 MySQL 8.0 的相关配置。

3. 配置 MySQL

MySQL 8.0 安装完成后,需要进行配置,配置的具体步骤如下。

(1) 在图 1-12 所示的界面中,单击 Next 按钮,进入 MySQL 8.0 的网络配置界面,如图 1-13 所示。

(2) 在如图 1-13 所示的 MySQL 网络配置界面中,在 Config Type 文本框中默认选择 Development Computer 选项,其他保持默认。

Config Type 有以下 3 种取值。

① Development Computer(开发机器)。该选项代表典型的个人桌面工作站。假定机器上运行着多个桌面应用程序,则将 MySQL 服务器配置成使用最少的系统资源。

② Server Computer(服务器)。该选项代表服务器,MySQL 服务器可以同其他应用程序一起运行,如邮箱和 Web 服务器。将 MySQL 服务器配置成使用适当比例的系统资源。

③ Dedicated Computer(专用 MySQL 服务器)。该选项代表只运行 MySQL 服务的服务器。假定没有运行其他应用程序,则将 MySQL 服务器配置成使用所有可用系统资源。本配置项默认启用 TCP/IP 网络,默认端口号为 3306,扩展端口号为 33060。要想更改访问 MySQL 使用的端口,可以直接输入新的端口号,但要保证选择的端口号没有被占用。如果选中 Open Windows Firewall ports for network access 复选框,则防火墙将允许通过该端口访问,这里选中该选项,如图 1-13 所示。单击 Next 按钮,选择验证方式,如图 1-14 所示,默

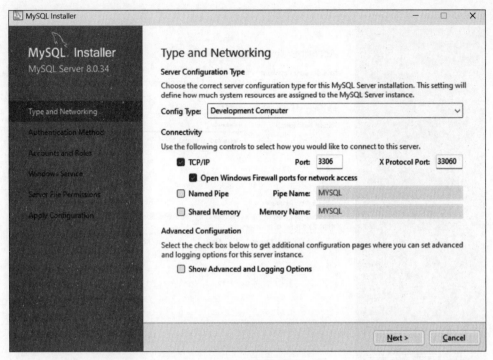

图 1-13　MySQL 的网络配置界面

认选中强密码加密验证方式，这也是推荐使用的方式，单击 Next 按钮，进入图 1-15 所示的账户和角色设置界面。

图 1-14　MySQL 验证方式

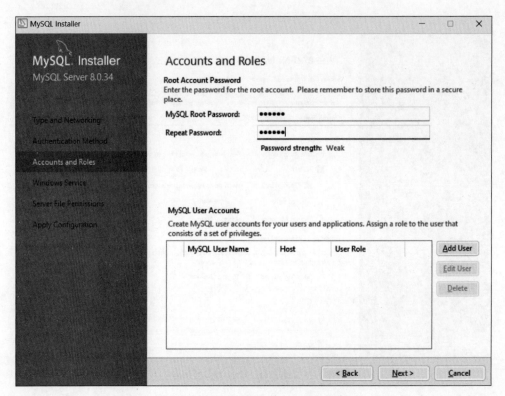

图 1-15　MySQL 账户和角色设置界面

（3）设置账户和角色。MySQL Root Password 表示为 root 用户设置密码，Repeat Password 表示再次输入密码，保证两次输入的密码一致。MySQL User Accounts 表示可以创建新的角色，并为角色分配权限。设置好相应选项后，单击 Next 按钮，进入如图 1-16 所示的 Windows 服务设置。

（4）在图 1-16 中设置 Windows 服务，将 MySQL 服务作为一种 Windows 服务。Windows Service Name 文本框来设置服务的名称，默认为 MySQL80，也可以修改为其他名称。选中 Start the MySQL Server at System Startup 复选框，表示 MySQL 服务随着系统而启动。设置好相应选项后单击 Next 按钮，进入如图 1-17 所示的应用配置界面。

（5）进行应用配置，配置向导执行一系列的任务，并在窗口中显示任务进度。

（6）如果配置无误，在图 1-17 所示界面中单击 Execute 按钮，当所有项都配置完成时，显示图 1-18 所示的窗口，单击 Finish 按钮。

至此，完成了在 Windows 平台下安装和配置 MySQL 的操作。

1.2.3　MySQL 的常用操作

1. 管理 MySQL 服务

MySQL 安装完成后，需要启动服务进程，否则客户端无法连接数据库。在前面的配置过程中，已经将 MySQL 安装为 Windows 服务。为了控制 MySQL 服务的启动与停止，可以通过以下两种方式来实现。

（1）通过 Windows 服务管理器管理 MySQL 服务。

图 1-16　Windows 服务设置

图 1-17　MySQL 应用配置界面

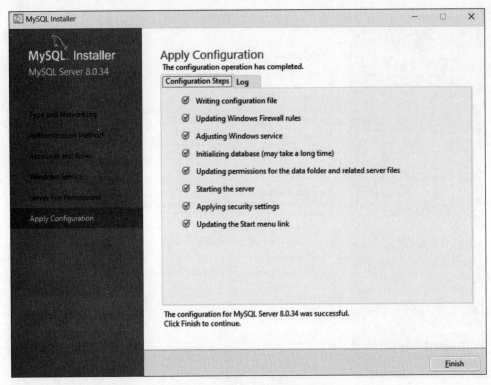

图 1-18　MySQL 应用配置完成

　　通过 Windows 服务管理器可以查看 MySQL 服务是否开启，在命令提示符中输入 services.msc 命令，就会打开 Windows 的服务管理器，如图 1-19 所示。

图 1-19　Windows 服务管理器

　　从图 1-19 中可以看出，MySQL 服务没有启动，此时可以直接双击 MySQL80 服务，打开"MySQL80 的属性"对话框，通过单击"启动"按钮修改服务的状态，如图 1-20 所示。

　　图 1-20 中有一个"启动类型"的选项，该选项有 3 种类型可供选择，具体如下。

图 1-20 "MySQL80 的属性"对话框

① 自动：通常与系统有紧密关联的服务才必须设置为自动，它会随系统一起启动。

② 手动：服务不会随系统一起启动，直到需要时才会被激活。

③ 禁用：服务将不能启动。

针对上述 3 种情况，初学者可以根据实际需求进行选择，在此建议选择"自动"或者"手动"。

（2）通过命令行管理 MySQL 服务。

MySQL 服务不仅可以通过 Windows 服务管理器启动，还可以通过命令行来启动。在 Windows 11 的"开始"菜单的搜索框中输入"cmd"，使用管理员身份打开命令提示符，如图 1-21 所示，在打开的命令提示符窗口中输入如下命令启动名称为 MySQL80 的 MySQL 服务。

```
net start MySQL80
```

执行完上述命令，显示的结果如图 1-22 所示。

通过命令行不仅可以启动 MySQL 服务，还可以停止 MySQL 服务，停止名称为 MySQL80 的服务的具体命令如下：

```
net stop MySQL80
```

执行完上述命令，显示的结果如图 1-22 所示。

提示："命令提示符"窗口必须以管理员身份运行，否则会出现"发生系统错误"和"拒绝访问"的错误提示；在命令行中输入的"MySQL80"是服务名称。

图 1-21　以管理员身份运行命令提示符

图 1-22　在命令行中启动和停止 MySQL 服务

2. 用户登录与密码设置

1）登录 MySQL

在 MySQL 的 bin 目录中，mysql.exe 是 MySQL 提供的命令行客户端工具，用于访问数据库。

该程序不能直接双击运行，需要打开命令行窗口，执行 cd C:\Program Files\MySQL\MySQL Server 8.0\bin 命令切换工作目录。如果不想手动切换路径，则需要配置环境变量，稍后将会介绍如何设置环境变量，登录 MySQL 服务器的命令格式如下。

```
mysql - h hostname - u username - p;
```

其中，mysql 为登录命令。-h 后面的参数（hostname）是服务器的主机地址，在这里因为客户端和服务器端在同一台机器上，所以可以输入 localhost 或者 IP 地址 127.0.0.1。-u 后面跟登录 MySQL 的用户名称(username),这里为 root。-p 后面是用户登录密码。接下来输入如下命令。

```
mysql -h localhost -u root -p
```

按 Enter 键后,系统提示输入密码,这里输入在前面配置向导中设置的密码,当窗口出现图 1-23 所示的说明信息时,命令提示符变成"mysql>",表明成功登录 MySQL 服务器,可以开始进行操作了。

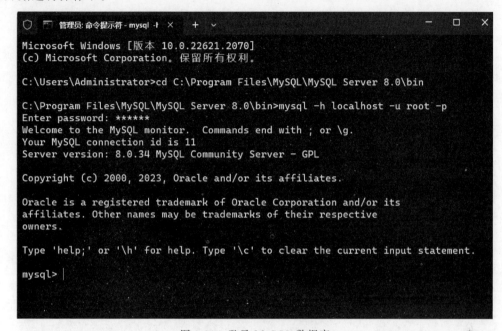

图 1-23 登录 MySQL 数据库

如果需要退出 MySQL,可以直接使用 exit 或 quit 命令。

2)设置密码

为了保护数据库的安全,需要为登录 MySQL 服务器的用户设置密码。下面以设置 root 用户的密码为例,登录 MySQL 后,执行如下命令即可。

```
mysql> ALTER USER 'root'@'localhost' IDENTIFIED BY '123456';
```

上述命令表示为 localhost 主机中的 root 用户设置密码,密码为"123456"。当设置密码后,退出 MySQL,然后重新登录时,就需要输入刚才设置的密码。

在设置密码后,如果需要取消密码,可以使用如下命令。

```
mysql> ALTER USER 'root'@'localhost' IDENTIFIED BY '';
```

上述命令将密码设为空,即可免密码登录。

在登录没有密码的用户时,需要使用的命令如下。

```
mysql -h localhost -u root
```

注意:设置环境变量。

在启动 MySQL 客户端前,需要确保命令提示符当前位于 C:\Program Files\MySQL\

MySQL Server 8.0\bin 目录，如果在其他目录中，则需要通过 cd 命令切换目录。这样操作比较麻烦，可以在命令行中执行如下命令，将 MySQL 的 bin 目录添加到环境变量中。

```
setx PATH "% PATH % ;C:\Program Files\MySQL\MySQL Server 8.0\bin";
```

执行上述命令后，关闭当前命令行窗口，重新打开一个新的命令行窗口即可生效。

提示：setx PATH "%PATH%;C:\Program Files\MySQL\MySQL Server 8.0\bin" 命令中的 C:\Program Files\MySQL\MySQL Server 8.0\bin 是安装 MySQL 时的 bin 目录。如果安装时修改了 MySQL 的路径，则设置环境变量时，需要指定实际位置。

3. MySQL 客户端的相关命令

对于初学者来说，使用命令行客户端工具登录 MySQL 数据库后，还不知道如何进行操作。为此，可以查看帮助信息，在命令行中输入 help 或者\h 命令，就会显示 MySQL 客户端的帮助信息，如图 1-24 所示。

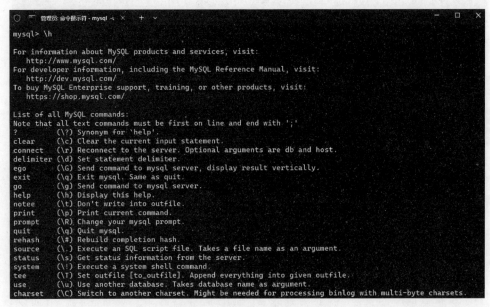

图 1-24　MySQL 相关命令

图 1-24 中列出了 MySQL 的命令，这些命令既可以使用一个单词来表示，也可以通过"\字母"的方式来表示。为了让初学者更好地掌握 MySQL 相关命令，接下来通过表 1-1 列举 MySQL 中的常用命令。

表 1-1　MySQL 常用命令

命　　令	简　写	具 体 含 义
?	(\?)	显示帮助信息
clear	(\c)	明确当前输入语句
connect	(\r)	连接到服务器，可选参数数据库和主机
delimiter	(\d)	设置语句分隔符
ego	(\G)	发送命令到 MySQL 服务器，并显示结果
exit	(\q)	退出 MySQL
go	(\g)	发送命令到 MySQL 服务器

续表

命 令	简 写	具 体 含 义
help	(\h)	显示帮助信息
notee	(\t)	不写输出文件
print	(\p)	打印当前命令
prompt	(\R)	改变 MySQL 提示信息
quit	(\q)	退出 MySQL
rehash	(\#)	重建完成散列
source	(\.)	执行一个 SQL 脚本文件,以一个文件名作为参数
status	(\s)	从服务器获取 MySQL 的状态信息
tee	(\T)	设置输出文件(输出文件),并将信息添加所有给定的输出文件
use	(\u)	用另一个数据库,数据库名称作为参数
charset	(\C)	切换到另一个字符集
warnings	(\W)	每一条语句之后显示警告
nowarning	(\w)	每一条语句之后不显示警告

图 1-25 演示了使用 status 命令查看 MySQL 服务器的状态信息。

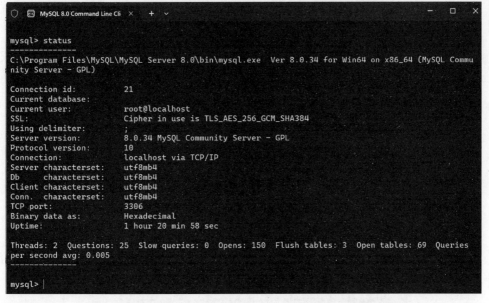

图 1-25　使用 status 命令查看 MySQL 服务器的状态信息

从上述信息可以看出,使用 status 命令显示了 MySQL 的当前版本、字符集以及端口号等信息。

1.2.4　常用的图形化工具

MySQL 命令行客户端的优点在于不需要额外安装,在 MySQL 软件包中已经提供。然而命令行这种操作方式不够直观,而且容易出错。为了更方便地操作 MySQL,可以使用一些图形化工具。本节将对 MySQL 常用的两种图形化工具进行讲解。

1. SQLyog

SQLyog 是 Webyog 公司推出的一个快速、简洁的图形化工具,用于管理 MySQL 数据库。该软件提供了个人版、企业版等版本，并发布了 GPL 协议开源的社区版。

下面以 SQLyog Community Edition-13. 1. 6(64-Bit)版本为例演示，软件的主界面如图 1-26 所示。

图 1-26　SQLyog 主界面

选择菜单栏中的“文件”→“新建连接”选项，弹出如图 1-27 所示的对话框。

图 1-27　“连接到我的 SQL 主机”对话框

输入正确的 MySQL 主机地址、用户名、密码和端口号后，单击“连接”按钮，即可连接数据库。连接成功后的界面如图 1-28 所示。

图 1-28　连接成功后的界面

图 1-28 中,左边栏是一个树状控件,root@localhost 表示当前使用 root 用户身份登录了 localhost 地址的 MySQL 服务器。该服务器中有 4 个数据库,每个都有特定用途,初学者不要对这些数据库进行更改操作。

单击每个数据库名称前面的"＋"按钮,可以查看数据库的内容,如表、视图、存储过程、函数、触发器、事件等。这些内容会在后续的单元中详细讲解。

在 Query 面板中可以输入 SQL 语句,输入完成后,单击工具栏中的第三个按钮 ⊙ 执行查询。

2. Navicat for MySQL

Navicat 是一套快速、可靠并且价格相宜的数据库管理工具,专为简化数据库的管理及降低系统管理成本而设计。它的设计符合数据库管理员、开发人员及中小企业的需要。Navicat 是以直觉化的图形用户界面而建的,让用户可以以安全并且简单的方式创建、组织、访问并共用信息。

Navicat for MySQL 是一套专为 MySQL 设计的高性能数据库管理及开发工具。它可以用于任何 3.21 版本或以上的 MySQL 数据库服务器,并支持大部分 MySQL 最新版本的功能,包括触发器、存储过程、函数、事件、视图、管理用户等。

下面以 navicat150_mysql_cs(64 位)版本为例演示。打开软件后,选择菜单栏中的"文件"→"新建连接"→MySQL 选项,弹出"MySQL-新建连接"对话框,如图 1-29 所示。

图 1-29　"MySQL-新建连接"对话框

在图 1-29 所示对话框中,输入连接名(如 MySQL)、主机或 IP 地址、端口、用户名和密码后,单击"确定"按钮,即可连接数据库。连接成功后的 Navicat 界面如图 1-30 所示。

图 1-30　连接成功后的 Navicat 主界面

单击工具栏中的"新建查询"按钮，可以执行 SQL，如图 1-31 所示。

图 1-31　Navicat 查询界面

单元小结

本单元讲解了信息、数据、数据库、数据库管理系统、数据库系统等数据库基本概念；介绍了 Oracle、SQL Server、MySQL、DB2、Access、SQLite 等常见的数据库和结构化查询语言 SQL。通过对比数据库的人工管理阶段、文件系统阶段和数据库系统阶段，介绍了数据库管理技术的发展。详细讲解了 MySQL 的安装与配置以及 MySQL 的使用，并介绍了两个 MySQL 图形化管理工具。

通过本单元的学习，希望初学者真正掌握 MySQL 数据库基础知识，并且学会在 Windows 系统上安装与配置 MySQL，为后面单元的学习打下扎实的基础。

单元实训项目

项目：MySQL 环境

目的：

（1）熟悉 MySQL 的安装与配置，学会在 Windows 平台上安装 MySQL。

（2）掌握 MySQL 的启动、登录以及配置。

（3）对数据库有一个初步的了解。

内容：

（1）安装 MySQL。

（2）配置 MySQL。

（3）采用 Windows 资源管理器和 DOS 命令方式启动 MySQL 服务。

（4）采用 DOS 命令方式登录 MySQL 数据库服务器。

单元练习题

一、选择题

1. 一个数据库最多可以创建数据表的个数是(　　　)。

    A. 1个　　　　　　B. 2个　　　　　　C. 1个或2个　　　　D. 多个

2. 下面选项中属于 MySQL 用于放置日志文件以及数据库的目录是(　　　)。

    A. bin 目录　　　　B. data 目录　　　　C. include 目录　　　D. lib 目录

3. 下面关于在 DOS 停止 MySQL 的命令中,正确的是(　　　)。

    A. stop net mysql　　　　　　　　　B. service stop mysql

    C. net stop mysql　　　　　　　　　D. service mysql stop

4. 下面选项中,属于关系数据库产品的是(　　　)(多选)。

    A. Oracle　　　　　B. SQL Server　　　C. MongoDB　　　　D. MySQL

5. 数据库系统的核心是(　　　)。

    A. 数据库　　　　　　　　　　　　　B. 数据库管理系统

    C. 数据模型　　　　　　　　　　　　D. 软件工具

6. SQL 具有(　　　)功能。

    A. 关系规范化、数据操纵、数据控制　　B. 数据定义、数据操纵、数据控制

    C. 数据定义、关系规范化、数据控制　　D. 数据定义、关系规范化、数据操纵

7. SQL 是(　　　)的语言,容易学习。

    A. 过程化　　　　　B. 结构化　　　　　C. 格式化　　　　　D. 导航式

8. 在数据库中存储的是(　　　)。

    A. 数据库　　　　　　　　　　　　　B. 数据库管理员

    C. 数据以及数据之间的联系　　　　　D. 信息

9. DBMS 的中文含义是(　　　)。

    A. 数据库　　　　　B. 数据模型　　　　C. 数据库系统　　　D. 数据管理系统

二、判断题

1. MySQL 现在是 Oracle 公司的产品。　　　　　　　　　　　　　　　　(　　　)

2. 登录 MySQL 服务器,只能通过 DOS 命令行登录。　　　　　　　　　　(　　　)

3. 查看 MySQL 的帮助信息,可以在命令行窗口中输入"help;"或者"\h"命令。

    (　　　)

4. MySQL 是一种介于关系数据库和非关系数据库之间的产品。　　　　　(　　　)

5. 数据库是具有逻辑关系和确定意义的数据集合。　　　　　　　　　　(　　　)

6. 数据库管理系统是一种操纵和管理数据库的大型软件。　　　　　　　(　　　)

7. 常见的关系数据库有 MySQL、SQL Server、Oracle、Sybase、DB2 等。　(　　　)

8. MySQL 是一个大型关系数据库管理系统,Oracle 是小型数据库管理系统。(　　　)

三、简答题

1. 简述修改 MySQL 配置的几种方式。

2. 简述 MySQL 的特点。

3. 简述数据库的特点。

4. 简述数据库和数据库系统的异同。

5. 简述 DDL 和 DML 的区别。

6. 关系数据库管理系统有哪些?

四、名词解释

1. 数据库。

2. 数据库管理系统。

3. 数据库系统。

单元 2

数据库设计

在线答题

拓展阅读

本单元主要介绍数据库的设计方法。通过本单元的学习,读者应该了解什么是数据模型,理解数据库设计的基本步骤、关系数据库设计的规范化和 E-R 图的设计过程,并且掌握如何设计一个合理、规范和高效的数据库。

本单元主要学习目标如下:

- 理解实体、属性、属性间联系及联系类型。
- 掌握信息化现实世界的方法,理解实体及实体间联系的 E-R 图。
- 理解关系代数的操作运算符及运算规则。
- 掌握关系模型的概念,掌握关系数据模型规范化方法。
- 理解数据完整性约束规则及作用。

2.1 认识数据库设计

数据库设计是建立数据库及其应用系统的技术,是信息系统开发过程中的关键技术。数据库设计的主要任务是对于一个给定的应用环境,根据用户的各种需求构造出最优的数据库模式,建立数据库及其应用系统,使之能够有效地对数据进行管理。数据库设计的内容主要有两个方面,分别是结构特性设计和行为特性设计。结构特性设计指确定数据库的数据模型,在满足要求的前提下尽可能地减少冗余,实现数据共享。行为特性设计指确定数据库应用的行为和动作,应用的行为由应用程序体现,所以行为特性的设计主要是应用程序的设计。在数据库领域中,通常会把使用数据库的各类系统称为数据库应用系统。因此,在进行数据库设计时,要和应用系统的设计紧密联系起来,也就是把结构特性设计和行为特性设计紧密结合起来。

针对数据库的设计,人们不断地研究与探索,在不同阶段从不同角度提出了各种数据库设计方法,这些方法运用软件工程的思想提出了各种设计准则和规程,都属于规范设计法。依据规范设计的方法,考虑数据库及其应用系统开发的全过程,人们将数据库设计分为 6 个阶段:需求分析、概念结构设计、逻辑结构设计、数据库物理设计、数据库实施、数据库运行和维护,如图 2-1 所示。

图 2-1　数据库设计步骤

2.2　数据模型

数据模型（Data Model）是数据库设计中用来对现实世界进行抽象的工具，是学习、研究与应用数据库技术的基础内容，是数据库技术的核心，是最能表现出数据库技术特色的内容之一。

观看视频

2.2.1　数据模型的概念

模型是现实世界事物特征的模拟与抽象，可更形象、直观地揭示事物的本质特征，使人们对事物有一个更加全面、深入的认识，从而可以帮助人们更好地解决问题。比如日常生活中所见到的汽车模型、飞机模型等都是具体的模型，人们见到这些模型就会联想到真实的事物，利用模型对事物进行描述是人们在认识和改造世界过程中广泛采用的一种方法。数据模型也是一种模型，它是数据特征的抽象。数据模型是数据库系统的核心与基础，它从抽象层次上描述了数据库系统的静态特征、动态行为和约束条件，为数据库系统的信息表示与操作提供了一个抽象的框架。数据模型所描述的内容包含 3 个部分：数据结构、数据操作和数据的约束条件。

（1）数据结构：主要描述数据的类型、内容、性质以及数据间的联系等，是对数据库系统静态特征的描述。数据结构是数据模型的基础，数据操作和数据的约束条件都是建立在数据结构上的，不同的数据结构具有不同的操作和约束条件。通常按照数据结构的类型来命名数据模型，例如层次结构、网状结构和关系结构的数据模型分别被命名为层次模型、网状模型和关系模型。

（2）数据操作：主要描述在相应的数据结构上进行的操作类型和操作方式，是对数据库系统动态特征的描述。

（3）数据的约束条件：主要描述数据结构内数据间的语法、词义联系、制约和依存关系以及数据动态变化的规则，以保证数据的正确性、有效性和相容性。它是一组完整性规则的集合，用以限定符合数据模型的数据库状态及其变化。

2.2.2　数据模型的类型

观看视频

现有的数据库系统都是建立在某种数据模型之上的。数据模型应满足 3 个要求：一是能比较真实地模拟现实世界，二是容易让人理解，三是在计算机中比较容易实现。一种数据模型要同时满足这 3 个要求比较困难，因此在数据库系统中针对不同的使用对象和应用目的可分别采用不同的数据模型。不同的数据模型实际上也是提供给用户模型化数据和信息的不同工具。按不同的应用层次，数据模型分成 3 种类型，分别是概念数据模型、逻辑数据模型、物理数据模型。

（1）概念数据模型：简称概念模型，是一种面向用户、面向客观世界的模型，主要用来描述世界的概念化结构。它按用户的观点对数据和信息建模，帮助数据库的设计人员在设计的初始阶段，摆脱计算机系统及数据库管理系统的具体技术问题，集中精力分析数据及数据之间的联系等，与具体的数据库管理系统无关。概念数据模型是现实世界到信息世界的第一次抽象，用于信息世界的建模，是数据库设计人员的有力工具，也是数据库设计人员与用户之间交流的语言。

（2）逻辑数据模型：是一种面向数据库系统的模型，是具体的数据库管理系统所支持的数据模型，如网状模型（Network Model）、层次模型（Hierarchical Model）和关系模型（Relation Model）等。此模型既要面向用户，又要面向系统，主要用于数据库管理系统的实现。

（3）物理数据模型：是一种面向计算机物理表示的模型，描述了数据在存储介质上的组织结构，它不但与具体的数据库管理系统有关，而且还与操作系统和硬件有关。每一种逻辑数据模型在实现时都有其对应的物理数据模型。

数据建模是对现实世界的各类数据的抽象组织，以确定数据库的管辖范围、数据的组织形式等。数据建模大致分为 3 个阶段，分别为概念建模阶段、逻辑建模阶段和物理建模阶段，相应的产物分别是概念模型、逻辑模型和物理模型，具体如图 2-2 所示。

图 2-2　数据建模（现实世界转换为计算机世界的过程）

在图 2-2 中，概念模型是现实世界到计算机世界的中间层，它将现实世界中的客观对象

（如学生、班级、课程）抽象成信息世界的数据。逻辑模型指数据的逻辑结构，可以选择层次模型、网状模型或关系模型。在完成逻辑模型后，最后使用物理模型描述数据如何进行实际存储，也就是将逻辑模型转换成计算机能够识别的模型。

2.2.3 概念模型

观看视频

1. 信息世界的基本概念

信息世界不是简单地对现实世界进行符号化，而是要通过筛选、归纳、总结、命名等抽象过程形成概念模型，用以表示对现实世界的抽象与描述。信息世界中有以下与数据库技术相关的术语。

1）实体

实体（Entity）指客观世界中存在并且可以相互区分的事物，可以是具体的人、事、物等实际对象，也可以是抽象的概念和联系。一名学生、一个部门、一门课、一次选课、部门与职工的关系等都是实体。

2）属性

属性（Attribute）指实体所具有的某一特性，一个实体包含若干属性。例如，职工实体可以由职工号、姓名、性别、年龄、学历、部门等属性描述。（1001,张明,男,33,研究生,技术部）这个属性组合用来描述一个职工实体。

3）码

码（Key）指唯一标识实体的属性或属性集。例如，职工号是职工实体的码。

4）域

域（Domain）指属性的取值范围。例如，职工号的域为 4 位整数。

5）实体型

实体型（Entity Type）具有相同属性的实体必然具有共同的特征和性质，可以用实体名及其属性名集合来抽象刻画这些实体。例如，职工（职工号,姓名,性别,年龄,学历,部门）就是一个实体型。

6）实体集

同类实体的集合称为实体集（Entity Set）。例如，全体职工就是一个实体集。

7）联系

在客观世界中，事物内部及事物之间是普遍存在联系（Relationship）的，这些联系在信息世界中表现为实体（型）内部的联系和实体（型）之间的联系。实体内部的联系通常指组成实体的各属性之间的联系。实体之间的联系通常指不同实体型之间的联系。

2. 概念模型的表示方法——E-R 方法

概念模型的表示方法有很多，最常用的表示方法为实体-联系方法（Entity-Relationship Approach），简称 E-R 方法，该方法使用 E-R 图（Entity-Relationship Diagram，实体-联系图）来描述现实世界的概念模型，提供了表示实体型、属性和联系的方法。E-R 方法也称为 E-R 模型（Entity-Relationship Model），其通用的表示方式如下。

（1）实体：用矩形表示，在矩形框内写实体名。

（2）属性：用椭圆形表示，在椭圆形框内写属性名，并用无向边将其与相应的实体连接起来。例如，学生实体具有学号、姓名、性别、年龄、班级等属性。用 E-R 图表示如图 2-3 所示。

图 2-3 学生实体及属性

（3）联系：用菱形表示，在菱形框内写联系名，并用无向边分别与有关实体连接起来，同时在无向边旁边标注联系的类型。

两个实体之间的联系通常有 3 种（一对一联系"1∶1"、一对多联系"1∶n"、多对多联系"$m∶n$"）。

一对一联系（1∶1）：在该联系中，对于实体集 A 中的每一个实体，实体集 B 中至多有一个（也可以没有）实体与之联系，反之亦然，记为 1∶1，其联系如图 2-4 所示。例如，一名学生只能有一个学生证，一个学生证只能属于一名学生，则学生和学生证之间就是一对一的联系。

一对多联系（1∶n）：在该联系中，对于实体集 A 中的每一个实体，实体集 B 中有 $n(n \geqslant 0)$ 个实体与之联系。反之，对于实体集 B 中的每一个实体，实体集 A 中至多有一个实体与之联系，记为 1∶n，其联系如图 2-5 所示。例如，一名学生可以有多个手机号码，但一个手机号码只能实名认证给一名学生，学生与手机号码之间的联系就是一对多的联系。

多对多联系（$m∶n$）：在该联系中，对于实体集 A 中的每一个实体，实体集 B 中有 $n(n \geqslant 0)$ 个实体与之联系。反之，对于实体集 B 中的每一个实体，实体集 A 中也有 $m(m \geqslant 0)$ 个实体与之联系，记为 $m∶n$，其联系如图 2-6 所示。例如，一个项目可以有多名学生参加，而一名学生也可以参加多个项目，则项目和学生之间的联系是多对多的联系。

图 2-4 一对一联系　　图 2-5 一对多联系　　图 2-6 多对多联系

实际上，一对一联系是一对多联系的特例，而一对多联系又是多对多联系的特例。

通常，两个以上的实体之间也存在着一对一、一对多、多对多联系。例如，对于课程、教师与参考书 3 个实体集来说，一门课程可以由若干老师讲授，使用若干参考书，每位老师只讲授一门课程，每一本参考书只供一门课程使用，则课程、教师与参考书三者之间的联系是一对多的，如图 2-7 所示。

再如，对于供货商、工程、材料 3 个实体集来说，一个供货商可以供给多个工程多种材料，而每个工程可以使用多个供货商提供的材料，每种材料又可以由不同的供货商提供，则供货商、工程、材料三者之间的联系是多对多的，如图 2-8 所示。

同一个实体集内的各实体之间也存在一对一、一对多、多对多的联系。例如职工实体集内部具有领导与被领导的联系，即某一职工（干部）"领导"若干职工，而一个职工仅被另外一个职工直接领导，因此这是同一实体集内一对多的联系，如图 2-9 所示。

图 2-7　三个实体集之间一对　　图 2-8　3 个实体集之间多对　　图 2-9　同一实体集内一对
　　　　　多联系　　　　　　　　　　　　多联系　　　　　　　　　　　　多联系

注意,如果联系也具有属性,则这些属性也要用无向边与该联系连接起来。例如学生与课程之间存在学习的联系,学习就有"成绩"这一属性。学生与班级、学生与课程的 E-R 图分别如图 2-10 和图 2-11 所示。

图 2-10　学生与班级的 E-R 图　　　　　　　图 2-11　学生与课程的 E-R 图

从图 2-10 和图 2-11 中可以看出,E-R 图接近于普通人的思维,即使不具备计算机专业知识的读者,也可以理解其表示的含义。

2.2.4　常见的数据模型

观看视频

在数据库的发展过程中,出现了 3 种基本数据模型,分别是层次模型、网状模型和关系模型。其中使用最多的数据模型是关系模型,建立在关系模型基础上的数据库称为关系数据库,本书讲解的 MySQL 数据库就是一个关系数据库管理系统。

1.层次模型

层次模型用树状结构表示各类实体及实体间的联系。它是数据库系统中最早出现的数据模型。层次模型的特点如下。

(1) 有且仅有一个结点无双亲结点,称为根结点。

(2) 除根结点之外的其他结点有且仅有一个双亲结点。

层次模型的结构如图 2-12 所示。

图 2-12　层次模型的结构

在层次模型中,每个结点表示一个记录类型,记录类型之间的联系用结点之间的连线实现,这样就会导致层次模型只能表示 $1:n$ 的联系。尽管有许多辅助手段可以实现 $m:n$ 的联系,但都比较复杂,不易掌握。

2．网状模型

网状模型用网络结构表示各类实体及实体间的联系。网状模型的特点如下。

（1）允许一个以上的结点无双亲结点。

（2）一个结点可以有多于一个的双亲结点。

网状模型有很多种,图 2-13 所示为几种典型的网状模型图例。

图 2-13 几种典型的网状模型图例

3．关系模型

关系模型是一种二维表结构,它由行和列组成,如表 2-1 所示的学生信息表。

表 2-1 学生信息表

学　号	姓　名	性　别	年　龄	班　级
J2011001	张飞	男	21	201
J2011002	张明	男	21	201
J2021001	王丽	女	19	202
J2021002	李思	男	22	202
J2031001	刘芳	女	19	203
J2031002	赵明	男	20	203

2.3 关系数据库

2.3.1 关系模型

关系模型是用二维表的形式表示各实体及实体间的联系,关系数据库系统采用关系数据模型作为数据的组织方式,由 IBM 公司研究员 Edgar Frank Codd 于 1970 年发表的论文中提出,经过多年的发展,已经成为最常用、最重要的数据模型之一。

1．关系模型的数据结构

关系模型的数据结构就是一种二维表结构,它由行、列组成。表 2-1 所示的学生信息表就是典型的关系模型示例。

在关系模型中有一些基本的概念,具体如下。

（1）关系（Relation）：关系一词与数学领域有关,它是集合基础上的一个重要概念,用于反映元素之间的联系和性质。从用户的角度来看,关系模型的数据结构是二维表,即通过二维表来组织数据。一个关系对应一张二维表,表中的数据包括实体本身的数据和实体间的联系,表 2-1 表示学生信息的二维表。

观看视频

(2) 元组(Tuple)：表中的一行就是一个元组,也称为记录。

(3) 属性(Attribute)：表中的一列称为一个属性,也称为字段(Field)。列的值就是属性值,属性值的取值范围为域(Domain)。

(4) 分量：每一行对应的列的属性值,即元组中的一个属性值。

(5) 关系模式：对关系的描述称为关系模式。一般表示为关系名(属性1,属性2,…,属性n)。例如,表2-1中的二维表的关系模式如下。

学生(学号,姓名,性别,年龄,班级)

(6) 候选键或候选码：关系中存在多个属性或属性集都能唯一标识该关系的元组,这些属性或属性集称为该关系的候选键或候选码。

(7) 主键(或主码)(Primary Key)：在一个关系的若干候选键中指定一个用来唯一标识该关系的元组,这个被指定的候选键称为主关键字,或简称为主键、关键字、主码。每一个关系都有且只能有一个主键,通常用较小的属性集作为主键。

(8) 主属性和非主属性：包含在任何一个候选键中的属性称为主属性,不包含在任何一个候选键中的属性称为非主属性。

(9) 外键(或外码)(Foreign Key)：当关系中的某个属性或属性集虽然不是该关系的主键,或者只是主键的一部分,但它却是其他关系的主键时,则称其为外键或者外码。

例如。学生的学号具有唯一性,学号可以作为学生实体的键,而学生姓名可能存在重名,不适合作为键。通过键可以为两张表建立联系,如图2-14所示。

图2-14　通过键为学生表与班级表建立联系

在图2-14中,班级表中的"班级号"是该表的键,学生表中的"班级号"表示学生所属的班级,两者建立一对多的联系,即一个班级中有多名学生。其中,班级表中的"班级号"称为主键,学生表中的"班级号"称为外键。

2. 关系模型的数据操作与完整性约束

关系模型的数据操作主要有查询、插入、删除和修改,这些操作必须满足关系模型的完整性约束条件。关系模型的完整性约束条件如下。

(1) 实体完整性规则(Entity Integrity Rule)：该规则要求关系中的元组在组成主键的属性上不能有空值且值必须唯一。

(2) 参照完整性规则(Reference Integrity Rule)：该规则用于约束相关联的数据表间的数据保持一致。通过建立外键可以实现数据表之间的参照完整性。

(3) 用户定义的完整性规则：针对某一具体数据库的约束条件并由相关的应用环境而确定。

3. 关系模型的优缺点

关系模型的优点如下。

（1）数据结构单一。在该模型中，不管是实体还是实体之间的联系，都用关系来表示，而关系都对应一张二维表，数据结构简单、清晰。

（2）关系规范化，并建立在严格的数学理论基础之上。

（3）概念简单，用户容易理解和掌握，操作方便。

关系模型的缺点主要有：存储路径透明，查询效率不如非关系数据模型。

2.3.2 关系代数

关系模型可以使用关系代数（Relational Algebra）来进行关系运算。关系代数是一种抽象的查询语言，是研究关系模型的数学工具。关系代数运算符主要包括并（Union）、差（Difference）、交（Intersection）、笛卡儿积（Cartesian Product）、选择（Selection）、投影（Projection）、连接（Join）和除（Division），如表 2-2 所示。

观看视频

表 2-2 关系代数运算符

关系代数运算符	含　义	关系代数运算符	含　义
∪	并	σ	选择
—	差	π	投影
∩	交	⋈	连接
×	笛卡儿积	÷	除

下面对表 2-2 列举的这些关系代数运算符进行详细讲解。

1. 并、差、交

并、差、交运算要求参与运算的两个关系具有相同数量的属性，运算结果是一个具有相同数量属性的新关系。设有关系 R 和关系 S，$R \cup S$ 表示合并两个关系中的元组，数学描述为 $R \cup S = \{t \mid t \in R \lor t \in S\}$；$R - S$ 表示找出属于 R 但不属于 S 的元组，数学描述为 $R - S = \{t \mid t \in R \land t \notin S\}$；$R \cap S$ 表示找出既属于 R 又属于 S 的元组，数学描述为 $R \cap S = \{t \mid t \in R \land t \in S\}$。$\lor$ 表示逻辑运算符或，$\land$ 表示逻辑运算符与。

图 2-15 演示了 $R \cup S$、$R - S$ 和 $R \cap S$ 的运算结果。

图 2-15　并、差、交运算演示

2. 笛卡儿积

设关系 R 有 n 个属性，关系 S 有 m 个属性，R 和 S 的笛儿尔积是一个具有 $n+m$ 个属性的新关系。前 n 个属性来自 R，后 m 个属性来自 S。

数学描述：假设 $R(<a\_1,a\_2,\cdots,a\_n>)$、$S(<b\_1,b\_2,\cdots,b\_m>)$，$\wedge$ 表示逻辑运算符与，$R\times S=\{<a\_1,a\_2,\cdots,a\_n,b\_1,b\_2,\cdots,b\_m>\mid<a\_1,a\_2,\cdots,a\_n>\in R\wedge<b\_1,b\_2,\cdots,b\_m>\in S\}$。

图 2-16 演示了 $R\times S$ 的运算结果。

R

学号	学生姓名
1	张三
2	李四

S

班级号	班级名称
1	软件班
2	设计班

$R\times S$

学号	学生姓名	班级号	班级名称
1	张三	1	软件班
1	张三	2	设计班
2	李四	1	软件班
2	李四	2	设计班

图 2-16 $R\times S$ 的运算结果

3. 选择、投影

选择是在一个关系中将满足条件的元组找出来，即水平方向筛选；投影是在一个关系中去掉不需要的属性，保留需要的属性，即垂直方向筛选。

图 2-17 演示了选择和投影操作。其中，选择操作 $\sigma_{\text{学号}=1}(R)$，表示在关系 R 中查找学号为 1 的学生。投影操作 $\pi_{\text{学号},\text{学生姓名}}(R)$，表示在关系 R 中查找学号和学生姓名。

R

学号	学生姓名	学生性别
1	张三	男
2	李四	女

$\sigma_{\text{学号}=1}(R)$

学号	学生姓名	学生性别
1	张三	男

$\pi_{\text{学号},\text{学生姓名}}(R)$

学号	学生姓名
1	张三
2	李四

图 2-17 选择和投影操作

4. 连接

连接是在两个关系的笛卡儿积中选取属性间满足一定条件的元组。由于笛卡儿积的运算结果可能会有很多没有意义的元组，相比之下连接运算更为实用。

常用的连接方式有等值连接（Equi-Join）和自然连接（Natural Join）。设有关系 R 和关系 S，使用 A 和 B 分别表示 R 和 S 中数目相等且可比的属性组。等值连接在 R 和 S 的笛卡儿积中选取 A、B 属性值相等的元组。自然连接是一种特殊的等值连接，要求 R 和 S 必须有相同的属性组，进行等值连接后再去除重复的属性组。

图 2-18 演示了连接操作。

5. 除

如果把笛卡儿积看作乘法运算，则除法是笛卡儿积的逆运算。设有关系 R 和关系 S，除运算需满足 S 的属性集是 R 属性集的真子集，$R\div S$ 的结果是 R 属性集减去 S 属性集的结果。例如，$R(A,B,C,D)\div S(C,D)$ 的结果由 A 和 B 两个属性构成。

图 2-19 演示了除运算的结果。

图 2-19 中，R 是学生选课表。$R\div S1$ 表示查询学号为 2 的学生所选的课程。$R\div S2$ 表示查询学号为 2 和 3 的学生共同选择的课程。

R

学号	学生姓名	班级号
1	张三	1
2	李四	1
3	小明	2
4	小红	2

$R\bowtie S$（等值连接）
R.班级号=S.班级号

学号	学生姓名	R.班级号	S.班级号	班级名称
1	张三	1	1	软件班
2	李四	1	1	软件班
3	小明	2	2	设计班
4	小红	2	2	设计班

S

班级号	班级名称
1	软件班
2	设计班
3	网络班

$R\bowtie S$（自然连接）

学号	学生姓名	班级号	班级名称
1	张三	1	软件班
2	李四	1	软件班
3	小明	2	设计班
4	小红	2	设计班

图 2-18　等值连接和自然连接

R

课程号	学号
1	2
2	2
3	2
1	3
2	3
1	4

$S1$

学号
2

$S2$

学号
2
3

$R\div S1$

课程号
1
2
3

$R\div S2$

课程号
1
2

图 2-19　除运算的结果

2.3.3　关系模式的规范化

关系数据库是有严密的数学理论基础的,因此关系数据库的设计也必须在数学理论的指导下进行,其中最重要的是范式理论。关系数据库设计就是在这个理论的指导下进行规范化设计,消除关系中可能出现的异常,从而得到一个满足范式要求的数据结构。

1. 函数依赖的基本概念

(1)规范化。规范化指用形式更为简洁、结构更加规范的关系模式取代原有关系模式的过程。

观看视频

(2)关系模式对数据的要求。关系模式必须满足一定的完整性约束条件以达到现实世界对数据的要求。完整性约束条件主要包括以下两方面。

① 对属性取值范围的限定。

② 属性值间的相互联系(主要体现在值的相等与否),这种联系称为数据依赖。

(3)属性间的联系。前面章节中讲到客观世界的事物间存在着错综复杂的联系,实体间的联系有两类:一类是实体与实体之间的联系;另一类是实体内部各属性间的联系。这里主要讨论第二类联系。

实体内部各属性间的联系可分为 3 类。

① 一对一联系(1:1 联系)。以教学关系 R(学号,姓名,年龄,性别,系别,系主任,课程编号,成绩)为例(此处不考虑教学关系 R 是否规范),如果学生无重名,则属性"学号"和"姓

名"之间为一对一联系,一个学号唯一地决定一个姓名,一个姓名也唯一地决定一个学号。

设 X、Y 是关系 R 的两个属性(组)。如果对于 X 中的任一具体值,Y 中至多有一值与之对应,反之亦然,则称 X、Y 两个属性(组)间存在一对一联系。

② 一对多联系(1∶n 联系)。在教学关系 R 中,属性"系别"和"学号"之间存在一对多联系,即一个系对应多个学号(如计算机系可对应 20230101、20230102 等),但一个学号只对应一个系(如 20230101 只能对应计算机系)。同样,"姓名"和"学号"之间也为一对多联系。

设 X、Y 是关系 R 的两个属性(组)。如果对于 X 中的任一具体值,Y 中至多有一个值与之对应,而 Y 中的一个值却可以和 X 中的 n 个值($n>0$)相对应,则称 Y 与 X 属性(组)间存在一对多联系。

③ 多对多联系(m∶n 联系)。在教学关系 R 中,"课程"和"成绩"两个属性间存在多对多联系。一门课程对应多个成绩,而一个成绩也可以在多门课程中出现。"学号"和"课程"、"学号"和"成绩"之间也存在多对多联系。

设 X、Y 是关系 R 的两个属性(组)。如果对于 X 中的任一具体值,Y 中有 m($m\geqslant0$)个值与之对应,而 Y 中的一个值也可以和 X 中的 n 个值($n\geqslant0$)相对应,则称 X、Y 两属性(组)间存在多对多联系。

上述属性间的 3 种联系实际上是属性值之间相互依赖又相互制约的反映,称为属性间的数据依赖。

(4) 数据依赖。数据依赖指通过一个关系中属性间值的相等与否体现出来的数据间的相互关系,是现实世界属性间相互联系的抽象,是数据内在的性质。

数据依赖共有 3 种:函数依赖(Functional Dependency,FD)、多值依赖(MultiValue Dependency,MVD)和连接依赖(Join Dependency,JD),其中较重要的是函数依赖和多值依赖。

(5) 函数依赖。在数据依赖中,函数依赖是较基本、较重要的一种依赖,它是属性之间的一种联系,假设给定一个属性的值,就可以唯一确定(查找到)另一个属性的值。例如,知道某一学生的学号,可以唯一地查询到其对应的系别,如果这种情况成立,就可以说系别函数依赖于学号。这种唯一性并非指只有一条记录,而是指任何记录。

定义:设一个关系为 $R(U)$,X 和 Y 为属性集 U 上的子集,若对于 X 上的每个值都有 Y 上的一个唯一值与之对应,则称 X 和 Y 具有函数依赖关系,并称 X 函数决定 Y,或称 Y 函数依赖于 X,记作 $X{\rightarrow}Y$,称 X 为决定因素。

举个例子,在一张表中,将所有字段分为两部分 X 和 Y,如果 X 中的一条数据可以唯一确定 Y 中的一条数据,则称 X 和 Y 具有函数依赖关系,并称为 X 函数决定 Y,或 Y 函数依赖于 X,记为 $X{\rightarrow}Y$,X 为决定因素。

下面介绍完全函数依赖、部分函数依赖和传递函数依赖的概念。

① 完全函数依赖。

设有关系模式 $R(U)$,U 是属性集,X 和 Y 是 U 的子集,如果 $X{\rightarrow}Y$ 是一个函数依赖,且对 X 的任何一个真子集 X' 都不存在 $X'{\rightarrow}Y$,则称 $X{\rightarrow}Y$ 是一个完全函数依赖(Full Functional Dependency),即 Y 完全函数依赖于 X,记作 $X\xrightarrow{F}Y$,即在一张表中字段分为 X 和 Y 两个集合,X 集合数据唯一确定一条数据 Y,X 集合字段中的任何一个字段都不能确定唯一一条数据 Y,就称 Y 完全函数依赖于 X。例如,在教学关系 R 中,对于(学号,课程编号)→成绩这个函数依赖,学号→成绩和课程编号→成绩都不成立,所以(学号,课程编号)→成绩是完全函数依赖。而对于(学号,姓名)→系别这个函数依赖,学号→系别成立,所以(学号,姓名)→系名不是完全函数依赖。

② 部分函数依赖。

设有关系模式 $R(U)$,U 是属性集,X 和 Y 是 U 的子集,如果 $X{\rightarrow}Y$ 是一个函数依赖,且对 X 的任何一个真子集 X' 都存在 $X'{\rightarrow}Y$,则称 $X{\rightarrow}Y$ 是一个部分函数依赖(Partial Functional Dependency),记作 $X\xrightarrow{P}Y$,即 Y 部分函数依赖于 X,即在一张表中分为 X 和 Y 集合,X 集合数据唯一确定一条数据 Y,并且 X 中任意字段或组合字段都可以唯一确定 Y 集合数据,则称 Y 部分函数依赖于 X。例如,在教学关系 R 中,对于(学号,姓名)→系别这个函数依赖,学号→系别成立,所以(学号,姓名)→系名是部分函数依赖。

③ 传递函数依赖。

在关系模式 $R(U)$ 中,设 X,Y,Z 是 U 的不同的属性子集,如果 X 确定 Y,Y 确定 Z,且有 X 不包含 Y,Y 不确定 X,$(X\cup Y)\cap Z=$ 空集合,则称 Z 传递函数依赖(Transitive Functional Dependency)于 X,即在一张表中,字段分为 X、Y、Z,如果 X 可以决定 Y,Y 决定 Z,但是 Y 不能决定 X,则称 Z 传递函数依赖于 X,记作 $X\xrightarrow{T}Z$。

2. 关系数据库构造规则——范式

关系数据库范式理论是在数据库设计过程中将要依据的准则,数据库结构必须满足这些准则才能确保数据的准确性和可靠性。这些准则称为规范化形式,即范式。在数据库设计过程中,对数据库进行检查和修改,并使它返回范式的过程叫作规范化。范式按照规范化的级别分为5种,即第一范式(1NF)、第二范式(2NF)、第三范式(3NF)、第四范式(4NF)和第五范式(5NF)。在实际的数据库设计过程中,通常需要用到的是前三类范式,下面对它们分别进行介绍。

观看视频

1) 第一范式(1NF)

如果关系模式 R 中所有的属性都是不可分解的,则称该关系模式 R 满足第一范式(First Normal Form),简称 1NF,记作 $R\in1NF$。表 2-3 中的"联系方式"属性可以分成系别、班级和联系电话 3 个属性,故不符合 1NF 的要求。如何将该表规范成 1NF 呢?可以有两种方法。

表 2-3　学生信息表(属性可分解)

学　号	姓名	性别	年龄	联 系 方 式
J2011001	张飞	男	20	机械工程系 201 班,18600000000
D2021002	李静	女	19	电子工程系 202 班,15600000000
X2011003	张明	男	21	信息工程系 201 班,17100000000

一种方法是将联系方式属性展开,如表 2-4 所示。

表 2-4　学生信息表(属性不可分解)

学　号	姓名	性别	年龄	系别	班级	联 系 电 话
J2011001	张飞	男	20	机械工程系	201 班	18600000000
D2021002	李静	女	19	电子工程系	202 班	15600000000
X2011003	张明	男	21	信息工程系	201 班	17100000000

另一种方法是将该关系分解为两个关系，如表 2-5 和表 2-6 所示。

表 2-5　学生基本信息表

学　　号	姓　　名	性　　别	年　　龄
J2011001	张飞	男	20
D2021002	李静	女	19
X2011003	张明	男	21

表 2-6　联系方式表

学　　号	系　　别	班　　级	联系电话
J2011001	机械工程系	201 班	18600000000
D2021002	电子工程系	202 班	15600000000
X2011003	信息工程系	201 班	17100000000

在关系数据库中，1NF 是对关系模式设计的最基本要求。

2) 第二范式（2NF）

那么什么是第二范式（2NF）呢？如果一个关系模式 $R \in 1NF$，且 R 中的每一个非主属性都完全函数依赖于码，则称该关系模式 R 满足第二范式（Second Normal Form），简称 2NF，记作 $R \in 2NF$。

例如表 2-4，学号能唯一地标识出该表中的每一行，所以学号是该表的主关键字。学号为"J2011001"的学生姓名是"张飞"，学生姓名完全能由学号来决定，也就是说有一个学号就会有且只有一个姓名与它对应，则称姓名完全函数依赖学号，也可以说学号决定了姓名。同理，表 2-4 中的"性别""年龄""系别""班级""联系电话"属性也完全函数依赖于学号，符合 2NF 的要求。

2NF 是在 1NF 的基础上建立起来的，要求实体的非主属性必须完全依于主码，不能存在仅依赖主码一部分的属性，如果存在则要把这个属性和主键的这一部分分离出来形成一个新的关系。

为了使读者更好地理解，下面通过表 2-7 演示不满足 2NF 的情况。

表 2-7　学生成绩表（不满足 2NF 的情况）

学　　号	课程号	姓名	课　程　名	成　　绩
J2011001	1001	张飞	公共英语	86
D2021002	1002	李静	MySQL 数据库技术	88
X2011003	1003	张明	Java 程序设计	95

在表 2-7 中，"学号"和"课程号"字段组成复合主键，"成绩"完全依赖于该主键，但是"姓名"和"课程名"都只是部分依赖于主键，"姓名"可以由"学号"确定，并不需要"课程号"，而"课程名"由"课程号"决定，并不依赖于"学号"。所以该关系模式就不符合 2NF。

采用上述方式设计的学生成绩表存在如下问题。

(1) 插入异常：如果一名学生没有选过课，则该学生无法插入。

(2) 删除异常：如果删除一名学生的所有选课信息，则该学生也会被删掉。

(3) 更新异常：由于姓名冗余，修改一名学生时，需要修改多条记录。如果稍有不慎，漏改某些记录，则会出现更新异常。

可以将其分解为3个符合2NF的表,如表2-8~表2-10所示。

学　　号	姓　　名
J2011001	张飞
D2021002	李静
X2011003	张明

表2-8　基本信息表

课　程　号	课　程　名
1001	公共英语
1002	MySQL 数据库技术
1003	Java 程序设计

表2-9　课程信息表

表2-10　成绩表

学　　号	课　程　号	成　　绩
J2011001	1001	86
D2021002	1002	88
X2011003	1003	95

3)第三范式(3NF)

如果一个关系模式 $R \in 2NF$,且 R 中的每个非主属性都不传递函数依赖于码,则称该关系模式 R 满足第三范式(Third Normal Form),简称3NF,记作 $R \in 3NF$。

为了使读者更好地理解,下面通过表2-11演示不满足3NF的情况。

表2-11　学生信息表(不满足3NF的情况)

学　　号	姓名	性别	年龄	班级号	班主任
J2011001	张飞	男	20	1C	陈老师
J2011002	李逵	男	20	1C	陈老师
D2021002	李静	女	19	2C	张老师
X2011003	张明	男	21	3C	李老师

在表2-11中,"班主任"对"学号"的依赖,是因为"班主任"依赖于"班级号","班级号"依赖于"学号"而产生的。这样就构成了传递依赖,因此不符合3NF。

采用上述方式设计的学生信息表存在如下问题。

(1)插入异常:新插入的学生的班级如果在1C、2C、3C之外,其班主任就无从得知。

(2)删除异常:如果删除某个班级下的所有学生,则该班级对应的班主任也被删除。

(3)更新异常:如果修改某名学生的班级,则班主任也必须随之修改;如果修改某个班级的班主任,又因为班主任存在冗余,则容易发生漏改。

要想让这个关系模式符合3NF,可以将班级号与班主任拆分到单独的表中,如表2-12和表2-13所示。

表2-12　学生班级信息表

学号	姓名	性别	年龄	班级号
J2011001	张飞	男	20	1C
J2011002	李逵	男	20	1C
D2021002	李静	女	19	2C
X2011003	张明	男	21	3C

表 2-13　班级与班主任关系信息表

班 级 号	班 主 任	班 级 号	班 主 任
1C	陈老师	2C	张老师
1C	陈老师	3C	李老师

2.4　数据库设计

观看视频

2.4.1　需求分析

需求分析就是分析用户的各种需求。要进行数据库设计,首先必须充分地了解和分析用户需求(包括数据与处理)。作为整个设计过程的起点,需求分析是否充分和准确,决定了在其上构建数据库的速度与质量。需求分析没做好,会导致整个数据库设计不合理、不实用,必须重新再设计。

需求分析的任务就是对现实世界要处理的对象进行详细调查,充分了解现有系统的工作情况或手工处理工作中存在的问题,尽可能多地收集数据,明确用户的各种实际需求,然后在此基础上确定新的系统功能,新系统还需充分考虑今后可能的扩充与改变,不能仅按当前应用需求来设计。

调查用户实际需求通常按以下步骤进行。

(1) 调查现实世界的组织机构情况。确定数据库设计与组织机构中的哪些部门相关,了解这些部门的组成情况及职责,为分析信息流程做准备。

(2) 调查相关部门的业务活动情况。要调查相关部门需要输入和使用什么数据,这些数据该如何加工与处理,各部门需要输出哪些信息,这些信息输出到哪些部门,输出信息的格式是什么,这些都是调查的重点。

(3) 明确实际需求。在熟悉业务活动的基础上,协助用户明确对新系统的各种实际需求,包括信息要求、处理要求、安全性与完整性要求,这也是调查过程中非常重要的一点。

(4) 确定新系统的边界。对前面的调查结果进行初步分析,确定哪些功能现在就由计算机完成,哪些功能将来准备让计算机完成,哪些功能由人工完成。由计算机完成的功能就是新系统应该实现的功能。

在调查过程中根据不同的问题与条件,可以采用不同的调查方法。

(1) 开调查会。通过与用户座谈的方式来了解业务活动情况及用户需求。

(2) 设计调查表请用户填写。提前设计一个合理的针对业务活动的调查表,并将此表发给相关的用户进行针对性调查。

(3) 查阅记录。查阅与原系统有关的数据记录。

(4) 询问。对某些调查中的问题,可以找专人询问。

(5) 请专人介绍。请业务活动过程中的用户或对业务熟练的专家介绍业务相关知识和活动情况,设计人员从中了解并询问相关问题。

(6) 跟班作业。通过亲自参与各部门业务活动来了解用户的具体需求,但是这种方法比较耗时。

调查过程中的重点在于"数据"与"处理"。通过调查、收集与分析,获得用户对数据库的如下要求。

（1）信息需求。指用户需要从数据库中获得信息的内容与实质。也就是将来要往系统中输入什么信息及从系统中得到什么信息，由用户对信息的要求就可以导出对数据的要求，即在数据库中需要存储哪些数据。

（2）处理要求。用户要实现哪些处理功能，对数据处理响应时间有什么样的要求及要采用什么样的数据处理方式。

（3）安全性和完整性要求。数据的安全性措施和存取控制要求，数据自身的或数据间的约束限制。

了解了用户的实际需求以后，还需要进一步分析和表达用户的需求。在众多的分析方法中，结构化分析（Structured Analysis，SA）方法是一种简单实用的方法。SA 方法从最上层的系统组织结构入手，采用自顶向下、逐层分解的方式分析系统。

经过需求分析阶段后会形成系统需求说明书，说明书中要包含数据流图、数据字典、各类数据的统计表格、系统功能结构图和必要的说明。该说明书在数据库设计的全过程中非常重要，是各阶段设计所依据的文档。

2.4.2 概念结构设计

观看视频

概念结构设计是整个数据库设计的关键，是将需求分析阶段得到的用户需求进行总结、归纳，并抽象成信息结构即概念模型的过程。

概念结构设计通常有以下 4 类方法。

（1）自顶向下。首先定义全局概念结构的框架，再逐步细化。

（2）自底向上。首先定义各局部应用的概念结构，再按一定规则将它们集成起来，最后得到全局概念结构。

（3）逐步扩张。首先定义最重要的核心概念结构，然后向外扩张，以滚雪球的方式逐步生成其他概念结构，直至全局概念结构。

（4）混合策略。将自顶向下和自底向上相结合，先用自顶向下方法设计一个全局概念结构的框架，然后再以它为框架集成由自底向上方法设计的各局部概念结构。

在设计过程中通常先自顶向下进行需求分析，然后再自底向上设计概念结构。其方法如图 2-20 所示。

概念结构设计主要应用 E-R 图来完成。按照图 2-20 所示的自顶向下进行需求分析与自底向上进行概念结构设计的方法，概念结构的设计可以按照以下步骤进行。

1. 对数据进行抽象并设计局部 E-R 图

概念结构是对现实世界的一种抽象。抽象就是对客观的人、事、物和概念进行处理，把所需要的共同特性抽取出来而忽略非本质的内容，并把这些共同特性用概念精准地描述出来，组成模型。抽象通常有以下 3 种方法。

（1）分类（Classification）。定义某一类概念作为现实世界中一组对象的类型，这些对象具有某些共同的特性和行为。在 E-R 模型中，实体型就是这种抽象。例如，张明是学生，具有学生们共同的特性和行为。

（2）聚集（Aggregation）。定义某一类型的组成成分。在 E-R 模型中若干属性的聚集组成了实体型。例如学生有学号、姓名、系别、专业、班级等属性。有时某一类型的组成成分

图 2-20　自顶向下需求分析与自底向上概念结构设计

也可能是一个聚集,例如部门有部门名称、位置及经理等属性,而经理又有姓名、年龄、性别等属性。

（3）概括（Generalization）。定义类型之间的一种子集联系。例如学生是一个实体型,小学生、本科生也是实体型。但小学生和本科生均是学生的子集。

概念结构设计首先就是要利用上面的抽象机制对需求分析阶段收集到的数据分类、组织(聚集),形成实体型、属性和码,确定实体型之间的联系类型(一对一、一对多或多对多),进而设计 E-R 图。在设计的过程中应该遵循这样一个原则:现实世界中的事物能作为属性对待的,尽量作为属性对待。这点可以按以下两条准则来考虑。

（1）作为属性,不能再具有需要描述的性质,也就是属性是不可分的数据项。

（2）属性不能与其他实体型有联系,即 E-R 图所表示的联系是实体型之间的联系。

只要满足了以上两条准则,通常可作为属性对待。例如,职工是一个实体型,可以包括职工号、姓名、年龄等属性,如果职称没有与工资、福利挂钩就可以将其作为该实体型的属性,但如果不同的职称有不同的工资和住房标准等,则职称作为一个实体型会更合适,它的属性可以包括职称编号、工资、住房标准等。

2. 将各局部 E-R 图进行合并,形成初步 E-R 图

各局部 E-R 图设计完成后,还需要对它们进行合并,集成为系统整体的 E-R 图,当然,形成的这个 E-R 图只是一个初步的 E-R 图。局部 E-R 图的集成有以下两种方法。

（1）一次集成法,就是一次性地将所有局部 E-R 图合并为全局 E-R 图。此方法操作比较复杂,不易实现。

（2）逐步集成法,先集成两个局部 E-R 图,然后用累加的方式合并进去一个新的 E-R 图,这样一直继续下去,直到得到全局的 E-R 图。此方法降低了合并的复杂度,效率高。

无论采用哪种方法生成全局 E-R 图,在这个过程中都要考虑消除各局部 E-R 图之间的冲突和冗余。因为在合并过程中,各个局部应用所对应的问题不同,而且通常是由不同的设计人员进行局部 E-R 图设计,这样就会导致各局部 E-R 图之间有可能存在冲突,因此合并局部 E-R 图时要注意消除各局部 E-R 图中的不一致,以形成一个能为全系统所有用户共同理解和接受的统一概念模型。各局部 E-R 图之间的冲突主要有以下 3 类。

（1）属性冲突。主要包括：属性域冲突即属性值的类型、取值范围或取值集合不同。例如"年龄"，有的部门用日期表示，有的部门用整数表示；属性取值单位冲突，例如"体重"，有的以千克为单位，有的以磅为单位。该冲突需要各部门协商解决。

（2）命名冲突。主要包括：同名异义，即不同意义的对象在不同的局部应用中具有相同的名字。例如"单位"可以表示职工所在的部门，也可以表示物品的质量或体积等属性；异名同义（一义多名），即意义相同的对象在不同的局部应用中有不同的名字。例如"项目"，有的部门称为项目，而有的部门称为课题。该冲突也可以通过讨论、协商来解决。

（3）结构冲突。主要包括：同一对象在不同的应用中具有不同的抽象。例如，"职称"在某一局部应用中作为实体，在另一局部应用中作为属性。在解决该冲突时就是把属性变为实体或把实体变为属性，使同一对象具有相同的抽象。

另外，同一实体在不同局部 E-R 图中的属性个数和排列顺序也可能不完全一致。解决方法是使该实体的属性取各局部 E-R 图中属性的并集，再适当调整属性的顺序。

此外，实体之间的联系也可能在不同的局部 E-R 图中呈现不同的类型。例如 E1 与 E2 在一个局部 E-R 图中是一对一联系，而在另一个局部 E-R 图中是多对多联系；又或者在一个局部 E-R 图中 E1 与 E2 有联系，而在另一个局部 E-R 图中 E1、E2 和 E3 三者之间有联系。解决方法是根据应用语义对实体联系的类型进行整合或调整。

3. 消除不必要的冗余，形成基本 E-R 图

在合并后的初步 E-R 图中，可能存在冗余的数据和冗余的联系。所谓冗余的数据指可由基本数据导出的数据，冗余的联系指可由其他联系导出的联系。冗余的数据和联系容易破坏数据库的完整性，增加数据库维护的难度，应该消除。但是，并不是所有的冗余都要消除，有时为了提高效率是可以允许冗余存在的。因此在概念结构设计阶段，哪些冗余信息要消除，哪些可以保留，需要根据用户的整体需求来确定。消除了冗余的初步 E-R 图称为基本 E-R 图，它代表了用户的数据要求，决定了下一步的逻辑结构设计，是成功创建数据库的关键。

2.4.3　逻辑结构设计

概念结构设计阶段得到的 E-R 图是反映了用户需求的模型，它独立于任何一种数据模型和任何一个具体数据库管理系统。为了创建用户要求的数据库，需要把上述的概念结构转换为某个具体的数据库管理系统支持的结构数据模型。数据库逻辑结构设计的过程就是将上一阶段设计好的基本 E-R 图转换为特定数据库管理系统支持的结构数据模型的过程。

观看视频

目前的数据库应用系统通常采用支持关系模型的关系数据库管理系统，所以这里只讨论关系数据库的逻辑结构设计，也就是只介绍如何将 E-R 图向关系模型转换的原则与方法。

概念结构设计阶段得到的 E-R 图是由实体、实体的属性和实体间的联系 3 个要素组成的，而关系模型的逻辑结构是一组关系模式的集合。所以 E-R 图向关系模型的转换要解决的问题是如何将实体、实体的属性和实体间的联系转换为关系模式。

在转换过程中要遵循的原则如下。

（1）实体类型的转换。将每个实体类型转换成一个关系模式，实体的属性即关系模式的属性，实体的标识符即关系模式的键。

（2）若实体间的联系是 1:1 联系，则可以在两个实体类型转换成的任意一个关系模式

中加入另一个关系模式的键和联系类型的属性。

【例 2-1】 将图 2-21 所示的含有 1∶1 联系的 E-R 图按上述规则转换为关系模式。

方案 1：将联系转换为一个独立的关系模式。

职工(职工号,姓名,年龄)；

产品(产品号,产品名,价格)；

负责(职工号,产品号)。

方案 2：将"负责"与"职工"关系模式合并。

职工(职工号,姓名,年龄,产品号)；

产品(产品号,产品名,价格)。

方案 3：将"负责"与"产品"关系模式合并。

职工(职工号,姓名,年龄)；

产品(产品号,产品名,价格,职工号)。

（3）若实体间的联系是 1∶n 联系，则在端实体类型转换成的关系模式中加入 1 端实体类型的键和联系类型的属性。

【例 2-2】 将图 2-22 所示的含有 1∶n 联系的 E-R 图转换为关系模式。

图 2-21　1∶1 联系 E-R 图

图 2-22　1∶n 联系 E-R 图

方案 1：将联系转换为一个独立的关系模式。

仓库(仓库号,地点,面积)；

产品(产品号,产品名,价格)；

仓储(仓库号,产品号,数量)。

方案 2：将与 n 端对应的关系模式合并。

仓库(仓库号,地点,面积)；

产品(产品号,产品名,价格,仓库号,数量)。

（4）若实体间的联系是 m∶n 联系，则将联系类型也转换成关系模式，其属性为两端实体类型的键加上联系类型的属性，而键为两端实体键的组合。

【例 2-3】 将图 2-23 所示的含有 m∶n 联系的 E-R 图转换为关系模式。

转换后的关系模式为：

学生(学号,姓名,年龄,性别)；

课程（<u>课程号</u>,课程名,学时数）；
选修（<u>学号</u>,<u>课程号</u>,成绩）。

图 2-23　$m:n$ 联系 E-R 图

（5）3 个或 3 个以上实体间的一个多元联系,不管联系类型是何种方法,都是将多元联系转换成一个关系模式,其属性为与该联系相连的各实体的键及联系本身的属性,其键为各实体键的组合。

【例 2-4】　将图 2-24 所示的含有多实体间 $m:n$ 联系的 E-R 图转换为关系模式。

图 2-24　多实体间 $m:n$ 联系 E-R 图

供应商（<u>供应商号</u>,供应商名,地址）；
零件（<u>零件号</u>,零件名,单价）；
产品（<u>产品号</u>,产品名,型号）；
供应（<u>供应商号</u>,<u>零件号</u>,<u>产品号</u>,数量）。

（6）具有相同键的关系可合并。

经过以上步骤后,已经将 E-R 图按规则转换成关系模式,但逻辑结构设计的结果并不是唯一的。为了进一步提高数据库应用系统的性能,还应该根据客观需要对结果进行规范化处理,消除异常,改善完整性、一致性,提高存储效率。除此之外,还要从功能及性能上评价数据库模式是否能满足用户的要求,可以采用增加、合并、分解关系的方法优化数据模型的结构,最后得到规范化的关系模式,形成逻辑结构设计说明书。

2.4.4　数据库物理设计

数据库在物理设备上的存储结构与存取方法称为数据库的物理结构，它依赖于给定的计算机系统。为一个给定的结构数据模型选取一个最适合应用的物理结构的过程，称为数据库的物理设计。物理设计的目的是有效地实现逻辑模式，确定所采取的存储策略。此阶段以逻辑设计阶段的结果作为输入手段，并结合具体数据库管理系统的特点与存储设备特性进行设计，选定数据库在物理设备上的存储结构和存取方法。

观看视频

数据库的物理设计可分为以下两步。

（1）确定数据库的物理结构，在关系数据库中主要指存储结构和存取方法。

（2）对物理结构进行评价，评价的重点是时间和空间效率。

如果评价结果满足原设计要求，则可进入数据库实施阶段，否则需要重新设计或修改物理结构，有时甚至要返回逻辑设计阶段修改数据模型。

2.4.5　数据库实施

完成数据库的物理设计之后，数据库设计人员就要用关系数据库管理系统提供的数据定义语言和其他实用程序，将数据库逻辑设计和物理设计的结果严格地描述出来，使其成为数据库管理系统可以接受的代码，再经过调试产生目标模式，就可以组织数据入库了，这就是数据库实施阶段。

1．数据的载入

在一般数据库系统中，数据量都很大，而且数据来源于部门中的各个不同的单位，数据的组织方式、结构和格式都与新设计的数据库系统有相当大的差距。组织数据输入就是将各类源数据从各个局部应用中抽取出来，输入计算机，再分类转换，最后综合成新设计的数据库结构的形式输入数据库。因此这样的数据转换、组织入库的工作是相当费力费时的。

由于要入库的数据在原来系统中的格式结构与新系统中的格式结构不完全一样，有的差别可能比较大，不仅向计算机输入数据时可能会发生错误，而且在转换过程中也有可能出错。因此在源数据入库之前要采用多种方法对它们进行检查，以防止不正确的数据入库，这部分工作在整个数据输入子系统的过程中是非常重要的。

2．数据库试运行

这一阶段要实际运行数据库应用程序，执行对数据库的各种操作，测试应用程序的功能是否满足设计要求。如果不满足，则要对应用程序部分进行修改、调整，直到达到设计要求。

在数据库试运行时，还要测试系统的性能指标，分析其是否达到了设计目标。在对数据库进行物理设计时，已初步确定了系统配置变量的值，但在一般情况下，设计时在许多方面的考虑只是近似地估计，和实际系统运行总有一定的差距，因此必须在试运行阶段实际测量和评价系统性能指标。事实上，有些系统配置变量的最佳值往往是经过运行、调试后找到的。如果测试的结果与设计的目标不符，则要返回物理设计阶段，重新调整物理结构，修改系统的配置变量，在某些情况下甚至要返回逻辑设计阶段，修改逻辑结构。

2.4.6　数据库运行和维护

数据库应用系统经过试运行后，即可投入正式运行，在数据库系统运行过程中必须不断对其进行评价、调整和修改。在数据库运行和维护阶段,对数据库经常性的维护工作是由DBA 完成的,主要包括以下几点。

(1) 数据库的转储和恢复。它是系统正式运行后最重要的维护工作之一。DBA 要针对不同的应用要求制订不同的转储计划,以保证突发故障时能尽快将数据库恢复到某种一致的状态,并将对数据库的破坏降到最低。

(2) 数据库的安全性、完整性控制。数据库在运行过程中,安全性要求也会发生变化,此时 DBA 要根据实际情况修改原有的安全性控制。同样,数据库的完整性约束条件也会发生变化,也需要 DBA 及时修改,以满足用户要求。

(3) 数据库性能的监督、分析和改造。运行过程中,监督系统运行,对监测数据进行分析,找出改进系统性能的方法是 DBA 的又一重要任务。DBA 对这些数据要认真分析,判断当前系统的运行状况是否需要改进以达到最佳状态。

(4) 数据库的重组织和重构造。数据库运行一段时间后,由于不断进行增、删、改操作,会导致数据库的物理存储情况变坏,数据的存取效率降低,数据库的性能下降,这时 DBA就需要对数据库进行部分重组织(只针对频繁改动的表进行)。重组织就是按原设计要求重新安排存储位置、回收垃圾、减少指针链等,使系统性能得以提高。数据库的重组织并不修改原设计的逻辑和物理结构,但数据库的重构造需要部分修改数据库的模式和内模式。

数据库应用系统的设计过程就是以上步骤的不断反复过程。

2.4.7 案例:教务管理系统数据库设计

本节以教务管理系统的数据库设计为例。设计时做了一定的简化,忽略了一些异常情况的考虑,旨在重点阐述数据库设计步骤。

1. 基本需求分析

某学校需要开发一套教务管理系统。为了收集数据库需要的信息,设计人员与系统使用人员通过交谈、填写调查表等方式进行了系统的需求调研,得出系统要实现的功能有:学生可以通过该系统查看所有选修课程的相关信息,包括课程名、学时、学分,然后选择选修的课程(一名学生可以选修多门课程,一门课程可以由多名学生选修);学生可以通过该系统查看相关授课教师的信息,包括教师工号、姓名、性别、学历、职称;教师可以通过该系统查看选修自己课程的学生的信息,包括学号、姓名、性别、出生日期、班级(假定本校一个教师可以教授多门课程,一门课程只能由一个教师任教);在考试结束后,教师可以通过该系统录入学生的考试成绩,学生可以通过该系统查看自己的考试成绩。

2. 概念结构设计

(1) 通过分析,得到该系统中的实体以及实体的属性,如图 2-25 所示。

(2) 根据实体间的联系画出局部 E-R 图,如图 2-26 所示。

(3) 将各局部 E-R 图进行合并,消除冗余后,形成基本 E-R 图,如图 2-27 所示。

3. 逻辑结构设计

由基本 E-R 图按规则转换、进行规范化处理并优化后的关系模式如下:

学生(学号,姓名,性别,出生日期,班级)

教师(工号,姓名,性别,学历,职称)

课程(课程号,课程名,学时,学分)

成绩(学号,课程号,成绩)

图 2-25 各实体的属性

图 2-26 各局部 E-R 图

图 2-27 基本 E-R 图

4．数据库物理设计

学生表、教师表、课程表、成绩表对应的表结构如表 2-14～表 2-17 所示。

表 2-14　学生表（studentinfo）结构

序号	列　　名	数据类型	允许 NULL 值	约　束	备　注
1	sno	char(8)	不能为空	主键	学号
2	sname	varchar(10)	不能为空		姓名
3	sgender	char(1)			性别
4	sbirth	date			出生日期
5	sclass	varchar(20)			班级

表 2-15　教师表（teacher）结构

序号	列　　名	数据类型	允许 NULL 值	约　　束	备　　注
1	tno	char(4)	不能为空	主键	工号
2	tname	varchar(10)	不能为空		姓名
3	tgender	char(1)			性别
4	tedu	varchar(10)			学历
5	tpro	varchar(8)		默认为"副教授"	职称

表 2-16　课程表（course）结构

序号	列　　名	数据类型	允许 NULL 值	约　　束	备　　注
1	cno	char(4)	不能为空	主键	课程号
2	cname	varchar(40)		唯一约束	课程名
3	cperiod	int			学时
4	credit	Decimal(3,1)			学分
5	ctno	char(4)		是教师表的外键	授课教师工号

表 2-17　成绩表（score）结构

序号	列名	数据类型	允许 NULL 值	约　　束	备　　注
1	sno	char(8)		主键（学号，课程号），其中学号是学生表的主键，课程号是课程表的主键	学号
2	cno	char(4)			课程号
3	score	int			成绩

在数据库系统中建立对应的表，填充一定的测试数据后就可以试运行应用程序，如无问题即可正式投入使用，后期只需做好更新和维护工作。

单元小结

本单元讲解了实体、属性、属性间联系及联系类型，深入阐述了信息化现实世界的方法，实体及实体间联系的 E-R 图，关系代数的操作运算符及运算规则，关系模型的概念及关系数据模型规范化方法。结合项目案例，学习了数据库设计的具体步骤和方法。

通过本单元的学习，要深入理解需求分析、概念结构设计、逻辑结构设计、物理设计等数据库系统的分析和设计阶段。

单元实训项目

项目：操作"新知书店"数据库

"新知书店"数据库包含 4 张表，表结构如下：

会员表结构

会员编号	会员昵称	E-mail	联系电话	积分

图书表结构

图书编号	图书名称	作者	价格	出版社	图书类型	折扣

图书类别表结构

类别编号	类别名称

订购表结构

图书编号	会员编号	订购量	订购日期	发货日期

针对该数据库系统执行如下操作。

（1）根据各表结构，写出对应的关系模式。

（2）判断（1）中得到的各个关系模式分别属于 1NF、2NF、3NF 中的哪一个。

（3）根据（1）中得出的关系模式，画出其对应的 E-R 图。

（4）写出该数据库系统详细的需求分析。

单元练习题

一、选择题

1. 绘制 E-R 图的 3 个基本要素是（　　）。

  A. 实体、属性、关键字　　　　　　　　B. 属性、实体、联系

  C. 属性、数据类型、实体　　　　　　　D. 约束、属性、实体

2. 绘制 E-R 图属于数据库设计的（　　）阶段。

  A. 需求分析　　　　　　　　　　　　B. 概念数据库设计

  C. 逻辑数据库设计　　　　　　　　　D. 物理数据库设计

3. 将 E-R 图转换为数据模型属于数据库设计的（　　）阶段。

  A. 数据库实施　　　　　　　　　　　B. 概念数据库设计

  C. 逻辑数据库设计　　　　　　　　　D. 物理数据库设计

4. 数据冗余可能会引起的问题有（　　）（多选）。

  A. 读取异常　　　B. 更新异常　　　C. 插入异常　　　D. 删除异常

5. 下列关于数据库范式说法正确的是（　　）（多选）。

  A. 1NF 遵从原子性和唯一性，且字段不可再分

  B. 2NF 要求非主键字段需要依赖主键

    C. 3NF 要求非主键字段不能相互依赖

    D. 各个范式之间互不依赖,只需满足当前范式的要求即可

二、填空题

1. 在 E-R 图中,实体使用图形_____来表示。

2. 实体所具有的某一特征称为实体的_____。

3. 将 E-R 图转换到关系模式时,实体与联系都可以表示成_____。

4. 设计数据库的存储结构属于数据库设计的_____阶段。

5. 在 E-R 图中的联系可以与_____个实体有关。

三、判断题

1. 数据的逻辑结构具体反映数据在计算机中的存储方式。　　　　　　　　( )

2. 数据库正式投入运行标志着数据库运行和维护工作的开始。　　　　　　( )

3. 在关系模型中,同一表中的不同属性的命名可以相同。　　　　　　　　( )

4. 消除了部分函数依赖的 1NF 的关系模式,必定是 2NF。　　　　　　　　( )

5. 任何由两个属性组成的关系不可能是 3NF。　　　　　　　　　　　　　( )

四、简答题

1. 举例说明什么是一对多的关系、多对多的关系。

2. 什么是 E-R 图? 简述 E-R 图的绘制步骤。

3. 常见的数据模型有哪些? 各有什么优缺点?

4. 数据库设计的过程包括哪些阶段,各阶段的主要任务是什么?

5. 请简述数据库设计规范化的必要性。

6. 请分析数据库范式 1NF、2NF、3NF 的区别。

五、名词解释

1. 实体。

2. 实体型。

3. 实体集。

4. 联系。

5. 属性。

6. 域。

7. 码。

8. 关系模式。

在线答题

拓展阅读

单元3

数据库和表的基本操作

数据库是数据库管理系统的基础与核心,是存放数据库对象的容器,数据库文件是数据库的存在形式。数据库管理就是设计数据库、定义数据库,以及修改和维护数据库的过程,数据库的效率和性能在很大程度上取决于数据库的设计和优化。本章将详细讲解数据库和数据表的基本操作。

本单元主要学习目标如下:

- 掌握数据库的创建、查看、修改和删除等操作。
- 掌握数据表的创建、查看、修改和删除等操作。
- 了解 MySQL 的数据类型,掌握基本数据类型的使用。
- 掌握表的约束,以及给表添加约束的命令。

3.1 数据库的基本操作

观看视频

3.1.1 创建数据库

MySQL 服务器中的数据库可以有多个,分别存储不同的数据。要想将数据存储到数据库中,首先需要创建数据库,这是使用 MySQL 各种功能的前提。启动并连接 MySQL 服务器,即可对 MySQL 数据库进行操作。

在 MySQL 中创建数据库的基本 SQL 语法格式如下。

```
CREATE DATABASE [ IF NOT EXISTS] 数据库名;
```

参数说明如下:

(1)[IF NOT EXISTS]:可选子句,该子句可防止创建数据库服务器中已存在的新数据库的错误,即不能在 MySQL 服务器中创建具有相同名称的数据库。

(2)数据库名:必选项,即要创建的数据库名称。建议数据库名称尽可能有意义,并且具有一定的描述性。创建数据库时,数据库命名的规则如下。

① 不能与其他数据库重名,否则将发生错误。

② 名称可以由任意字母、阿拉伯数字、下画线和"＄"组成,可以使用上述任意字符开头,但不能使用单独的数字开头,否则会造成它与数值相混淆。

③ 名称最长可为 64 个字符。

④ 不能使用 MySQL 关键字作为数据库名。

⑤ 默认情况下,Windows 下对数据库名的大小写不敏感;而在 Linux 下对数据库名的

大小写是敏感的。为了使数据库在不同平台间进行移植,建议采用小写的数据库名。

在创建完数据库后,MySQL 会在存储数据的 data 目录中创建一个与数据库同名的子目录,同时,会在该子目录下生成一个 db.opt 文件,用于保存数据库选项。

【例 3-1】 创建名为 library 的数据库。

(1)直接使用 CREATE DATABASE 语句创建,SQL 语句如下。

```
CREATE DATABASE library;
```

执行结果如图 3-1 所示。

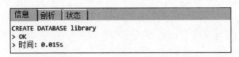

图 3-1 直接使用 CREATE DATABASE 语句创建数据库

(2)使用含 IF NOT EXISTS 子句的 CREATE DATABASE 语句创建,SQL 语句如下。

```
CREATE DATABASE IF NOT EXISTS library;
```

SQL 语句执行后显示"OK",说明语句执行成功,数据库已经创建。

3.1.2 查看数据库

在 MySQL 中,成功创建数据库后,可以使用 SHOW DATABASES 语句显示 MySQL 服务器中的所有数据库。语法格式如下。

```
SHOW DATABASES;
```

使用该命令可以查询在 MySQL 中已经存在的所有数据库。

【例 3-2】 在例 3-1 中,我们创建了数据库 library,现在使用命令查看 MySQL 服务器中的所有数据库,SQL 语句如下。

```
SHOW DATABASES;
```

执行结果如图 3-2 所示。

图 3-2 使用 SHOW DATABASES 语句查看数据库

从图 3-2 中可以看出,目前在 MySQL 服务器上存在着 5 个数据库,其中,除例 3-1 中创建的 library 数据库之外,还有 information_schema、mysql、performance_schema、sys 这 4 个数据库,这 4 个数据库都是在 MySQL 安装完成后由系统自动创建的。

(1)information_schema 是信息数据库,存储着 MySQL 数据库服务器所维护的所有其他数据库的信息。在 information_schema 数据库中,有几个只读表。它们实际上是视图,而不是基本表,因此,用户无法看到与之相关的任何文件。

（2）mysql 是 MySQL 的核心数据库，类似于 SQL Server 中的 master 表，主要负责存储数据库的用户、权限设置、关键字等控制和管理信息。mysql 数据库中的数据不可以删除，否则，MySQL 将不能正常运行。如果对 mysql 数据库不是很了解，不要轻易修改这个数据库里的信息。

（3）performance_schema 数据库主要用于收集数据库服务器性能参数。该数据库中所有表的存储引擎均为 performance_schema，而用户是不能创建存储引擎为 performance_schema 的表的。

（4）sys 数据库是一个强大的性能监控和诊断工具，提供视图、函数和过程，用于性能监控、诊断和优化建议。

（5）library 是安装时创建的一个测试数据库，是一个空数据库，其中没有任何表，可以删除。

要想查看某个已经创建的数据库信息，可以通过 SHOW CREATE DATABASE 语句实现，具体语法格式如下。

```
SHOW CREATE DATABASE 数据库名称;
```

【例 3-3】 查看创建好的数据库 library 的信息，SQL 语句如下。

```
SHOW CREATE DATABASE library;
```

执行之后，输出结果显示了数据库 library 的创建信息及其编码方式。

3.1.3 选择数据库

上面虽然成功创建了数据库 library，但并不表示当前就可以使用数据库 library。在使用指定数据库之前，必须使用 USE 语句告诉 MySQL 要使用哪个数据库，使其成为当前默认数据库。其语法格式如下。

```
USE 数据库名;
```

【例 3-4】 选择名称为 library 的数据库，设置其为当前默认的数据库。使用 USE 语句选择数据库 library，SQL 语句如下。

```
USE library;
```

执行结果如图 3-3 所示。

图 3-3　选择名称为 library 的数据库

3.1.4 修改数据库

观看视频

数据库创建之后，数据库编码方式就确定了。修改数据库的编码方式，可以使用 ALTER DATABASE 语句，具体语法格式如下。

```
ALTER DATABASE 数据库名称 DEFAULT CHARACTER SET 编码方式 COLLATE 编码方式_bin;
```

其中"数据库名称"是要修改的数据库的名称，"编码方式"是修改后的数据库编码方式。

【例 3-5】 将数据库 library 的编码方式修改为 gbk,SQL 语句如下。

```
ALTER DATABASE library DEFAULT CHARACTER SET gbk COLLATE gbk_bin;
```

为了验证数据库的编码方式是否修改成功,可以使用例 3-3 中的 SHOW CREATE DATABASE 语句查看修改后的数据库。

3.1.5　删除数据库

删除数据库可以使用 DROP DATABASE 命令,具体语法格式如下。

```
DROP DATABASE 数据库名称;
```

其中"数据库名称"是要删除的数据库的名称。需要注意的是,如果要删除的数据库不存在,则会出现错误。

【例 3-6】 删除名为 company 的数据库,SQL 语句如下。

```
DROP DATABASE company;
```

执行结果如图 3-4 所示。

图 3-4　DROP DATABASE 语句的执行结果

为了验证数据库是否删除成功,可以使用 SHOW DATABASES 语句查看当前 MySQL 数据库服务器上的所有数据库,当前 MySQL 数据库服务器中已经不存在 company 数据库,表明删除成功。

注意:在使用 DROP DATABASE 删除数据库时,若待删除的数据库不存在,则 MySQL 服务器会报错。值得一提的是,在执行删除数据库操作之前,一定要备份需要保留的数据,确保数据的安全,避免误操作造成严重后果。

注意:MySQL 中单行注释以"#"开始标识,也支持标准 SQL 中"--"单行注释。但是为了防止"--"与 SQL 语句中负号和减法运算的混淆,在第二个短横线后必须添加至少一个控制字符(如空格、制表符、换行符等)将其标识为单行注释符号。示例如下。

```
# 此处填写单行注释内容,如:若服务器中没有 mydb 数据库,则创建,否则忽略此 SQL
CREATE DATABASE IF NOT EXISTS mydb;
-- 此处填写单行注释内容,如:若服务器中存在 mydb 数据库,则删除,否则忽略此 SQL
DROP DATABASE IF EXISTS mydb;
```

同样地,MySQL 也支持标准 SQL 中的多行注释"/* 此处填写注释内容 */",它的开始符号为"/*",结束符号为"*/",中间的内容就是要编写的注释。示例如下。

```
/*
此处填写多行注释内容
如:利用以下 SQL 查看当前服务器中的所有数据库
*/
SHOW DATABASES;
```

在开发中编写的 SQL 语句,建议合理地添加单行或多行注释,方便阅读与理解。

在 MySQL 使用的过程中,相关的基本语法有以下 3 点需要注意。

（1）换行、缩进与结尾分隔符。MySQL 中的 SQL 语句可以单行或多行书写，多行书写时可以按 Enter 键换行，每行中的 SQL 语句可以使用空格和缩进增强语句的可读性，在 SQL 语句完成时通常情况下使用分号（;）结尾，在命令行窗口中也可使用"\g"结尾，效果与分号相同。另外，在命令行窗口中，还可以使用"\G"结尾，如 SHOW DATABASES\G 将显示结果以每条记录（一行数据）为一组，将所有的字段纵向排列展示。

（2）大小写问题。MySQL 的关键字在使用时不区分大小写，如 SHOW DATABASES 与 show databases 都表示获取当前 MySQL 服务器中有哪些数据库。另外，MySQL 中的所有数据库名称、数据表名称、字段名称默认情况下在 Windows 系统下都忽略大小写，在 Linux 系统下数据库与数据表名称则区分大小写，通常开发时推荐都使用小写。

（3）反引号的使用。在项目开发中，为了避免用户自定义的名称与系统中的命令（如关键字）冲突，最好使用反引号（`` ` ``）包裹数据库名称、字段名称和数据表名称。其中，反引号（`` ` ``）在键盘中左上角 Tab 键的上方，读者只需将输入法切换到英文，按下此键即可输入反引号（`` ` ``）。

3.2　数据类型

观看视频

在 MySQL 中，为字段选择合适的数据类型对数据库的优化非常重要。MySQL 支持多种数据类型，大致可以分为 4 类：数值类型、日期和时间类型、字符串（字符）类型和二进制类型。

1. 数值类型

MySQL 支持所有标准 SQL 数值类型，包括精确数值类型（INTEGER、SMALLINT 和 DECIMAL）和近似数值类型（FLOAT、REAL 和 DOUBLE PRECISION）。关键字 INT 是 INTEGER 的简写，关键字 DEC 是 DECIMAL 的简写。

作为 SQL 标准的扩展，MySQL 也支持整数类型 TINYINT、MEDIUMINT 和 BIGINT。表 3-1 列出了 MySQL 每种数值类型占用的字节数、范围以及用途。

表 3-1　数值类型

类　　型	大小	范围（有符号）	范围（无符号）	用途
TINYINT	1b	（-128,127）	（0,255）	小整数值
SMALLINT	2b	（-32 768,32 767）	（0,65 535）	大整数值
MEDIUMINT	3b	（-8 388 608,8 388 607）	（0,16 777 215）	大整数值
INT 或 INTEGER	4b	（-2 147 483 648,2 147 483 647）	（0,4 294 967 295）	大整数值
BIGINT	8b	（-9 223 372 036 854 775 808,9 223 372 036 854 775 807）	（0,18 446 744 073 709 551 615）	极大整数值
FLOAT	4b	（-3.402 823 466 E+38,1.175 494 351 E-38）	（1.175 494 351 E-38,3.402 823 466 E+38）	单精度浮点数值
DOUBLE	8b	（-1.797 693 134 862 315 7 E+308,-2.225 073 858 507 201 4 E-308）	（2.225 073 858 507 201 4 E-308,1.797 693 134 862 315 7 E+308）	双精度浮点数值
DECIMAL	M+2	（-1.797 693 134 862 315 7 E+308,-2.225 073 858 507 201 4 E-308）	（2.225 073 858 507 201 4 E-308,1.797 693 134 862 315 7 E+308）	小数值

从表 3-1 中可以看出，不同数值类型所占用的字节数和取值范围都是不同的。其中，定

点数类型 DECIMAL 的有效取值范围由 M 和 D 决定，M 表示整个数据的位数，不包括小数点；D 表示小数点后数据的位数。例如，将数据类型为 DECIMAL(5,3)的数据 3.1415 插入数据库，显示的结果为 3.142。

创建表时，选择数值类型应遵循以下原则。

(1) 选择最小的可用类型，如果值永远不超过 127，则使用 TINYINT 比使用 INT 强。

(2) 对于完全都是数字的，可以选择整型数据。

(3) 浮点型数据用于可能具有小数部分的数，如货物单价、网上购物支付金额等。

注意：

(1) 在选择数据类型时，若一个数据将来可能参与数学计算，推荐使用整数、浮点数或定点数类型；若只用来显示，则推荐使用字符串类型。例如，商品库存可能需要增加、减少、求和等，所以保存为整数类型；用户的身份证、电话号码一般不需要计算，可以保存为字符串类型。

(2) 表的主键推荐使用整数类型，与字符串类型相比，整数类型的处理效率更高，查询速度更快。

(3) 当插入的值的数据类型与字段的数据类型不一致，或使用 ALTER TABLE 修改字段的数据类型时，MySQL 会尝试尽可能将现有的值转换为新类型。例如，字符串'123'、'-123'、'1.23'与数字 123、-123、1.23 可以互相转换；1.5 转换为整数时，会被四舍五入，结果为 2。

2. 日期和时间类型

表示日期和时间值的日期和时间类型有 DATETIME、DATE、TIMESTAMP、TIME 和 YEAR。每个时间类型有一个有效值范围和一个"零"值，当输入不合法的值时，MySQL 使用"零"值插入。TIMESTAMP 类型具备专有的自动更新特性。表 3-2 列举了 MySQL 中日期和时间类型所对应的字节数、范围、格式以及用途。

表 3-2　日期和时间类型

类　　型	大小	范　　围	格　　式	用　　途
DATE	3b	1000-01-01～9999-12-31	YYYY-MM-DD	日期值
TIME	3b	'-838:59:59'～'838:59:59'	HH:MM:SS	时间值或持续时间
YEAR	1b	1901～2155	YYYY	年份值
DATETIME	8b	1000-01-01 00:00:00～9999-12-31 23:59:59	YYYY-MM-DD HH:MM:SS	混合日期和时间值
TIMESTAMP	4b	1970-01-01 00:00:00～2038 结束时间是第 2 147 483 647 秒，北京时间 2038-1-19 11:14:07，格林尼治时间 2038 年 1 月 19 日 凌晨 03:14:07	YYYY-MM-DD HH:MM:SS	混合日期和时间值，时间戳

其中，DATE 类型用于表示日期值，不包含时间部分。在 MySQL 中，DATE 类型常用的字符串格式为"YYYY-MM-DD"或者"YYYYMMDD"。

例如，输入'2023-08-24'或者'20230824'，插入数据库的日期都为'2023-08-24'。

TIME 类型用于表示时间值，它的显示形式一般为 HH:MM:SS，其中，HH 表示小时，MM 表示分，SS 表示秒。

例如，输入'115253'，插入数据库中的时间为 11:52:53。

YEAR 类型用于表示年。在 MySQL 中,常使用 4 位字符串或数字表示,对应的字符串的范围为'1901'～'2155',数字范围为 1901～2155。

例如,输入'2023'或 2023,插入数据库中的值均为 2023。

DATETIME 类型用于表示日期和时间,它的显示形式为"YYYY-MM-DD HH:MM:SS",其中,YYYY 表示年,MM 表示月,DD 表示日,HH 表示小时,MM 表示分,SS 表示秒。

例如,输入'2023-08-24 08:23:52'或者'20230824082352',插入数据库中的 DATETIME 类型的值均为 2023-08-24 08:23:52。

TIMESTAMP 类型用于表示日期和时间,它的显示形式与 DATETIME 类型相同,但取值范围比 DATETIME 类型小。当 TIMESTAMP 类型的字段输入为 NULL 时,系统会以当前系统的日期和时间填入。当 TIMESTAMP 类型的字段无输入时,系统也会以当前系统的日期和时间填入。

3. 字符串类型和二进制类型

为了存储字符串、图片和声音等数据,MySQL 提供了字符串类型和二进制类型。表 3-3 列举了这些数据类型的取值范围和用途。

表 3-3　字符串类型和二进制类型

类　　型	取值范围	用　　途
CHAR(n)	0～255 字符	定长字符串,n 为字符串的最大长度。若输入数据的长度超过了 n 值,超出部分将会被截断;否则,不足部分用空格填充。例如,对于 CHAR(4),若插入值为 'abc',则其占用的存储空间为 4 字节
VARCHAR(n)	0～65 536 字符	变长字符串,n 为字符串的最大长度。占用字节数随输入数据的实际长度而变化,最大长度不得超过 $n+1$。例如,对于 VARCHAR(4),若插入值为 'abc',则其占用的存储空间为 4 字节,若插入值为 'abcd',则其占用的存储空间为 5 字节
BINARY(n)	0～255 字节	固定长度的二进制数据,n 为字节长度,若输入数据的字节长度超过了 n 值,超出部分将会被截断;否则,不足部分用字符'\0'填充。例如,对于 BINARY(3),插入值为 'a\0'时,会变成'a\0\0'值存入
VARBINARY(n)	0～65 536 字节	可变长度的二进制数据,n 为字节长度
ENUM	1～65 535 个值	枚举类型,语法格式为:ENUM('值 1','值 2',…,'值 n')。该类型的字段值只能为枚举值中的某一个。例如,性别字段数据类型可以设为 ENUM('男','女')
SET	1～64 个值	集合类型,语法格式为:SET('值 1','值 2',…,'值 n')。例如,人的兴趣爱好字段的数据类型可以设为 SET('听音乐','看电影','购物','游泳','旅游'),该字段的值从集合中取值,且可以取多个值
BIT(n)	1～64 位	位字段类型。如果输入的值的长度小于 n 位,在值的左边用 0 填充。例如,为 BIT(6)分配值'101'的效果与分配值'000101 的效果相同
TINYBLOB	0～255 字节	不超过 255 个字符的二进制字符串

续表

类　型	取值范围	用　途
BLOB	0～65 535 字节	二进制形式的文本数据,主要存储图片、音频等信息
MEDIUMBLOB	0～16 777 215 字节	二进制形式的中等长度文本数据
LONGBLOB	0～4 294 967 295 字节	二进制形式的极大长度文本数据
TINYTEXT	0～255 字节	短文本字符串
TEXT	0～65 535 字节	文本数据。如新闻内容、博客、日志等
MEDIUMTEXT	0～16 777 215 字节	中等长度文本数据
LONGTEXT	0～4 294 967 295 字节	极大长度文本数据

CHAR(n)为固定长度的字符串,在定义时指定字符串的长度最大为 n 个字符个数。当保存时,MySQL 会自动在右侧填充空格,以达到其指定的长度。例如,CHAR(8)定义了一个固定长度的字符串列,字符个数最大为 8。当检索到 CHAR 值时,尾部的空格将被删除。

VARCHAR(n)为可变长度的字符串。VARCHAR 的最大实际长度 L 由最长行的大小和使用的字符集确定,其实际占用的存储空间为字符串实际长度 L 加 1。例如,VARCHAR(50)定义了一个最大长度为 50 的字符串列,如果写入的实际字符串只有 20 个字符,则其实际存储的字符串为 20 个字符和一个字符串结束字符。保存和检索 VARCHAR 的值时,其尾部的空格仍然保留。

CHAR 和 VARCHAR 类型类似,但它们保存和检索的方式不同。它们的最大长度和尾部空格是否被保留等也不同。在存储或检索过程中不进行大小写转换。TEXT 类型用于保存非二进制字符串,如文章的内容、评论等信息。当保存或检索 TEXT 列的值时,不会删除尾部空格。

TEXT 类型有 4 种:TINYTEXT、TEXT、MEDIUMTEXT 和 LONGTEXT。不同的 TEXT 类型的存储空间和数据长度都不同。

MySQL 中的二进制字符串数据类型有 BIT、BINARY、VARBINARY、TINYBLOB、BLOB、MEDIUMBLOB 和 LONGBLOB。

BINARY 和 VARBINARY 类似于 CHAR 和 VARCHAR,不同的是,它们包含二进制字符串,而不要非二进制字符串。也就是说,它们包含字节字符串,而不是字符字符串。这说明它们没有字符集,并且排序和比较基于列值字节的数值。

BLOB 是一个二进制大对象,可以容纳可变数量的数据。有 4 种 BLOB 类型:TINYBLOB、BLOB、MEDIUMBLOB 和 LONGBLOB。它们的区别是可容纳的存储范围不同。

创建表时,使用字符串类型时应遵循以下原则。

(1) 从速度方面考虑,要选择固定的列,可以使用 CHAR 类型。

(2) 要节省空间,使用动态的列,可以使用 VARCHAR 类型。

(3) 要将列中的内容限制为一种选择,可以使用 ENUM 类型。

(4) 允许在一列中有多个条目,可以使用 SET 类型。

(5) 如果要搜索的内容不区分大小写,可以使用 TEXT 类型。

(6) 如果要搜索的内容区分大小写,可以使用 BLOB 类型。

3.3　数据表的基本操作

3.3.1　创建数据表

观看视频

创建完数据库并熟悉了 MySQL 支持的数据类型后，接下来的工作是创建数据表。创建数据表其实就是在已经创建好的数据库中建立新表。

数据表属于数据库，在创建数据表之前，应该使用语句"USE <数据库名>"指定操作是在哪个数据库中进行。如果没有选择数据库，MySQL 会抛出 No database selected 的错误提示。

创建数据表的语句为 CREATE TABLE，语法规则如下。

```
CREATE TABLE 数据表名称
(
字段名 1 数据类型 [完整性约束条件] [默认值],
字段名 2 数据类型 [完整性约束条件] [默认值],
…
字段名 n 数据类型 [完整性约束条件] [默认值]
);
```

在上述语法格式中，"数据表名称"是创建的数据表的名称，"字段名"是数据表的列名，"完整性约束条件"是字段的特殊约束条件。关于表的约束将在 3.4 节进行详细讲解。

使用 CREATE TABLE 创建表时，必须注意以下几点。

（1）数据表名不区分大小写，且不能使用 SQL 中的关键字，如 DROP、INSERT 等。

（2）如果数据表中有多个字段（列），字段（列）的名称和数据类型要用英文逗号隔开。

【例 3-7】　在 library 数据库中创建一个用于存储图书信息的 books 表，其结构如表 3-4 所示。

表 3-4　books 表结构

字　段　名	数据类型	备注说明
Bookid	char(6)	图书编号
Bookname	varchar(50)	书名
Author	varchar(50)	作者
Press	varchar(40)	出版社
Pubdate	date	出版日期
Type	varchar(20)	类型
Number	int(2)	库存数量
Info	varchar(255)	简介

使用 library 数据库，SQL 语句如下。

```
USE library;
```

接下来创建 books 表，SQL 语句如下。

```
CREATE TABLE books
(
    Bookid char(6),
```

```
    Bookname varchar(50),
    Author varchar(50),
    Press varchar(40),
    Pubdate date,
    Type varchar(20),
    Number int(2),
    Info varchar(255)
);
```

执行语句后,便创建了一个名称为 books 的数据表,使用 SHOW TABLES 语句查看数据表是否创建成功,SQL 语句如下。

```
SHOW TABLES;
```

执行结果如图 3-5 所示。

图 3-5　使用 SHOW TABLES 语句查看数据表

从图 3-5 中可以看到,library 数据库中已经有了数据表 books,表明数据表创建成功。

3.3.2　查看数据表

创建好数据表之后,可以查看数据表,以确认其定义是否正确。在 MySQL 中,查看数据表的方式有以下两种。

1. 使用 SHOW CREATE TABLE 语句查看数据表

语法格式如下。

```
SHOW CREATE TABLE 数据表名称;
```

其中,"数据表名称"是要查看的数据表的名称。

【例 3-8】　使用 SHOW CREATE TABLE 语句查看 books 表,SQL 语句如下。

```
SHOW CREATE TABLE books;
```

执行结果如图 3-6 所示。

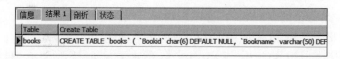

图 3-6　使用 SHOW CREATE TABLE 语句查看 books 表的详细结构

2. 使用 DESCRIBE 语句查看数据表

使用 DESCRIBE 语句查看数据表,可以查看到数据表的字段名、类型、是否为空、是否为主键等信息。语法格式如下。

```
DESCRIBE 表名;
```

或者使用简写,语法格式如下。

```
DESC 表名;
```

【例 3-9】 使用 DESCRIBE 语句查看 books 表，SQL 语句如下。

```
DESCRIBE books;
```

执行结果如图 3-7 所示。

Field	Type	Null	Key	Default	Extra
Bookid	char(6)	YES		(Null)	
Bookname	varchar(50)	YES		(Null)	
Author	varchar(50)	YES		(Null)	
Press	varchar(40)	YES		(Null)	
Pubdate	date	YES		(Null)	
Type	varchar(20)	YES		(Null)	
Number	int	YES		(Null)	
Info	varchar(255)	YES		(Null)	

图 3-7　使用 DESCRIBE 语句查看 books 表的基本结构

其中：

(1) Field 表示该表的字段名。

(2) Type 表示对应字段的数据类型。

(3) Null 表示对应字段是否可以存储 NULL 值。

(4) Key 表示对应字段是否编制索引和约束。

(5) Default 表示对应字段是否有默认值。

(6) Extra 表示获取到的与对应字段相关的附加信息。

观看视频

3.3.3　修改数据表

数据表创建之后，用户还可以对表中的某些信息进行修改，修改表指修改数据库中已经存在的数据表结构。MySQL 使用 ALTER TABLE 语句修改表。常用的修改表的操作有：修改表名、修改字段名和数据类型、修改字段的数据类型、添加字段、删除字段、修改字段的排列位置等。下面对这些操作进行详细介绍。

1. 修改表名

MySQL 可以通过 ALTER TABLE 语句实现对表名的修改，语法格式如下。

```
ALTER TABLE 旧表名 RENAME [TO] 新表名;
```

其中，关键字 TO 是可选的，使用与否都不影响运行结果。

【例 3-10】 将数据库 library 中 books 表的表名改为 tb_books。

修改表名之前，先用 SHOW TABLES 语句查看数据库中的表，执行结果如图 3-8 所示。

Tables_in_library
books

图 3-8　使用 SHOW TABLES 语句查看数据库中表的执行结果

执行下述命令，将 books 表名改为 tb_books。

```
ALTER TABLE books RENAME tb_books;
```

上述命令执行成功后,再用 SHOW TABLES 语句查看数据库中的表,执行结果如图 3-9 所示。

图 3-9 改名后使用 SHOW TABLES 语句查看数据库中表的执行结果

从图 3-9 中可以看出,数据库 library 中的表名 books 已经被成功修改为 tb_books。

2. 修改字段名和数据类型

语法格式如下。

ALTER TABLE 表名 CHANGE 旧字段名 新字段名 新数据类型;

其中,"旧字段名"是修改之前的字段名称,"新字段名"是修改之后的字段名称,"新数据类型"是修改后的数据类型。注意,修改后的数据类型不能为空。如果只修改字段名,不修改数据类型,可以将新数据类型写为字段原来的数据类型。

【例 3-11】 将 tb_books 表中的 Author 字段改名为 bookAuthor,数据类型保持不变。修改字段之前,用 DESC tb_books 查看表的信息,执行结果如图 3-10 所示。

Field	Type	Null	Key	Default	Extra
Bookid	char(6)	YES		(Null)	
Bookname	varchar(50)	YES		(Null)	
Author	varchar(50)	YES		(Null)	
Press	varchar(40)	YES		(Null)	
Pubdate	date	YES		(Null)	
Type	varchar(20)	YES		(Null)	
Number	int	YES		(Null)	
Info	varchar(255)	YES		(Null)	

图 3-10 执行修改字段名前查看表结构

执行下述命令,将 tb_books 表中的 Author 字段改名为 bookAuthor。

ALTER TABLE tb_books CHANGE Author bookAuthor varchar(50);

执行结果如图 3-11 所示。

Field	Type	Null	Key	Default	Extra
Bookid	char(6)	YES		(Null)	
Bookname	varchar(50)	YES		(Null)	
bookAuthor	varchar(50)	YES		(Null)	
Press	varchar(40)	YES		(Null)	
Pubdate	date	YES		(Null)	
Type	varchar(20)	YES		(Null)	
Number	int	YES		(Null)	
Info	varchar(255)	YES		(Null)	

图 3-11 执行修改字段名后查看表结构

从图 3-11 中可以看出,tb_books 表中的 Author 字段成功改名为 bookAuthor。

3. 修改字段的数据类型

语法格式如下。

ALTER TABLE 表名 MODIFY 字段名 新数据类型;

【例 3-12】　将 tb_books 表中的 Bookname 字段的数据类型由 varchar(50)修改为 varchar(100)。执行修改命令之前,先用 DESC tb_books 语句查看 tb_books 表的结构,如图 3-12 所示。

执行修改命令,SQL 语句如下。

```
ALTER TABLE tb_books MODIFY Bookname varchar(100);
```

命令成功执行后,再查看一下 tb_books 表的结构,执行结果如图 3-13 所示。

信息	结果 1	剖析	状态			
Field	Type	Null	Key	Default	Extra
Bookid	char(6)	YES		(Null)	
Bookname	varchar(50)	YES		(Null)	
bookAuthor	varchar(50)	YES		(Null)	
Press	varchar(40)	YES		(Null)	
Pubdate	date	YES		(Null)	
Type	varchar(20)	YES		(Null)	
Number	int	YES		(Null)	
Info	varchar(255)	YES		(Null)	

信息	结果 1	剖析	状态			
Field	Type	Null	Key	Default	Extra
Bookid	char(6)	YES		(Null)	
Bookname	varchar(100)	YES		(Null)	
bookAuthor	varchar(50)	YES		(Null)	
Press	varchar(40)	YES		(Null)	
Pubdate	date	YES		(Null)	
Type	varchar(20)	YES		(Null)	
Number	int	YES		(Null)	
Info	varchar(255)	YES		(Null)	

图 3-12　执行修改字段数据类型前查看表结构　　　图 3-13　执行修改字段数据类型后查看表结构

从图 3-13 中可以看出,Bookname 字段的数据类型已经由 varchar(50)修改为 varchar(100)。

4. 添加字段

语法格式如下。

```
ALTER TABLE 表名 ADD 新字段名 数据类型
[约束条件] [FIRST|AFTER 已经存在的字段名];
```

其中,"新字段名"是新添加的字段名称;"FIRST"是可选参数,用于将新添加的字段设置为表的第一个字段;"AFTER 已经存在的字段名"也是可选参数,用于将新添加的字段添加到指定字段的后面。如不指定位置,则默认将新添加字段追加到表末尾。

【例 3-13】　在数据表 tb_books 中的 Press 字段后添加一个 int 类型的字段 column1,SQL 语句如下。

```
ALTER TABLE tb_books ADD column1 int AFTER Press;
```

为了验证 column1 字段是否添加成功,使用 DESC 语句查看 tb_books 表的结构,执行结果如图 3-14 所示。

信息	结果 1	剖析	状态			
Field	Type	Null	Key	Default	Extra
Bookid	char(6)	YES		(Null)	
Bookname	varchar(100)	YES		(Null)	
bookAuthor	varchar(50)	YES		(Null)	
Press	varchar(40)	YES		(Null)	
column1	int	YES		(Null)	
Pubdate	date	YES		(Null)	
Type	varchar(20)	YES		(Null)	
Number	int	YES		(Null)	
Info	varchar(255)	YES		(Null)	

图 3-14　执行添加字段后查看表结构的执行结果

从图 3-14 中可以看出,在 tb_books 表中已经成功添加了 column1 字段,数据类型为 int。

5．删除字段

语法格式如下。

```
ALTER TABLE 表名 DROP 字段名;
```

【例 3-14】 删除 tb_books 表中的 column1 字段，SQL 语句如下。

```
ALTER TABLE tb_books DROP column1;
```

为了验证 column1 字段是否删除成功，使用 DESC 语句查看 tb_books 表的结构，执行结果如图 3-15 所示。

Field	Type	Null	Key	Default	Extra
Bookid	char(6)	YES		(Null)	
Bookname	varchar(100)	YES		(Null)	
bookAuthor	varchar(50)	YES		(Null)	
Press	varchar(40)	YES		(Null)	
Pubdate	date	YES		(Null)	
Type	varchar(20)	YES		(Null)	
Number	int	YES		(Null)	
Info	varchar(255)	YES		(Null)	

图 3-15　执行删除字段后查看表结构的执行结果

从图 3-15 中可以看出，tb_books 表中的 column1 字段已经不存在了。

6．修改字段的排列位置

在创建一个数据表时，字段的排列位置就已经确定了，但这个位置并不是不能改变的，可以使用 ALTER TABLE 改变指定字段的位置，语法格式如下。

```
ALTER TABLE 表名 MODIFY 字段名1 新数据类型 FIRST|AFTER 字段名2;
```

其中，"FIRST"是可选参数，用于将"字段名1"设置为表的第一个字段；"AFTER 字段名2"也是可选参数，用于将"字段名1"移动到"字段名2"的后面。此命令可以同时修改字段的数据类型和位置。如果只修改位置，不修改数据类型，可以将新数据类型写为字段原来的数据类型。

【例 3-15】 将 tb_books 表中的 Press 字段修改为表中的第一个字段。

SQL 语句如下。

```
ALTER TABLE tb_books MODIFY Press varchar(40) FIRST;
```

使用 DESC 语句查看 tb_books 表的结构，执行结果如图 3-16 所示。

Field	Type	Null	Key	Default	Extra
Press	varchar(40)	YES		(Null)	
Bookid	char(6)	YES		(Null)	
Bookname	varchar(100)	YES		(Null)	
bookAuthor	varchar(50)	YES		(Null)	
Pubdate	date	YES		(Null)	
Type	varchar(20)	YES		(Null)	
Number	int	YES		(Null)	
Info	varchar(255)	YES		(Null)	

图 3-16　执行修改 Press 字段为第一个字段后查看表结果

从图 3-16 中可以看出，Press 字段已经被修改为表的第一个字段了。

【例 3-16】　将 tb_books 表中的 Press 字段移动到 bookAuthor 字段之后。

SQL 语句如下。

```
ALTER TABLE tb_books MODIFY Press Tinyint AFTER bookAuthor;
```

使用 DESC 语句查看 tb_books 表的结构，执行结果如图 3-17 所示。

Field	Type	Null	Key	Default	Extra
Bookid	char(6)	YES		(Null)	
Bookname	varchar(100)	YES		(Null)	
bookAuthor	varchar(50)	YES		(Null)	
press	tinyint	YES		(Null)	
Pubdate	date	YES		(Null)	
Type	varchar(20)	YES		(Null)	
Number	int	YES		(Null)	
Info	varchar(255)	YES		(Null)	

图 3-17　执行移动 Press 字段后查看表结果

从图 3-17 中可以看出，tb_books 表中的 Press 字段已经成功移动到 bookAuthor 字段之后，并且数据类型已被修改为 tinyint。

3.3.4　删除数据表

删除数据表指删除数据库中已经存在的表，同时，该数据表中的数据也会被删除。注意，一般数据库中的多个数据表之间可能会存在关联，要删除具有关联关系的数据表比较复杂，这种情况将在后续章节介绍。本节只涉及没有关联关系的数据表的删除。

删除数据表的语法格式如下。

```
DROP TABLE 表名;
```

【例 3-17】　删除 tb_books 表。

SQL 语句如下。

```
DROP TABLE tb_books;
```

为了验证 tb_books 表是否删除成功，使用 DESC 语句查看，执行结果如图 3-18 所示。

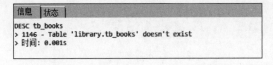

```
DESC tb_books
> 1146 - Table 'library.tb_books' doesn't exist
> 时间: 0.001s
```

图 3-18　使用 DESC 语句查看 DROP TABLE 语句的执行结果

从图 3-18 中可以看出，tb_books 表已经不存在了，说明已被成功删除。

3.4　数据表的约束

MySQL 对数据库表中数据的插入、更新和删除操作强加了规则或条件，即表的约束，用于保证数据的完整性和一致性。常见的表约束有以下 5 种：主键约束（PRIMARY KEY CONSTRAINT）、外键约束（FOREIGN KEY CONSTRAINT）、非空约束（NOT NULL

CONSTRAINT)、唯一约束(UNIQUE CONSTRAINT)和默认约束(DEFAULT
CONSTRAINT)。

3.4.1　主键约束

主键又称主码,由表中的一个字段或多个字段组成,能够唯一地标识表中的一条记录。
主键约束要求主键字段中的数据唯一,并且不允许为空。主键分为两种类型:单字段主键
和复合主键。

注意,每个数据表中最多只能有一个主键。

1．单字段主键

(1) 创建表时指定主键,语法格式如下。

观看视频

```
字段名　数据类型　PRIMARY KEY;
```

【例3-18】　创建 tb_books 表,并设置 Bookid 字段为主键,SQL 语句如下。

```
CREATE TABLE tb_books
(
    Bookid char(6) PRIMARY KEY,
    Bookname varchar(50),
    Author varchar(50),
    Press varchar(40),
    Pubdate date,
    Type varchar(20),
    Number int(2),
    Info varchar(255)
);
```

执行上述命令之后,用 DESC 语句查看 tb_books 表的结构,执行结果如图 3-19 所示。

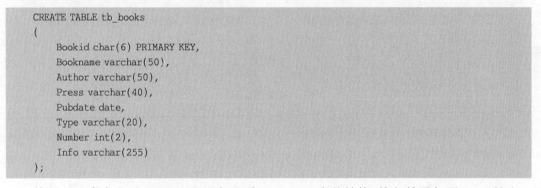

图 3-19　设置 Bookid 为主键后的表结构

从图 3-19 中可以看出,Bookid 字段的"Key"显示为 PRI,表示此字段为主键。

(2) 为已存在的表添加主键约束,语法格式如下。

```
ALTER TABLE 表名 MODIFY 字段名 数据类型 PRIMARY KEY;
```

【例3-19】　将 tb_books 表的 Bookid 字段修改为主键。

首先将前面创建的 tb_books 表删除,再新建 tb_books 表,SQL 语句如下。

```
DROP TABLE tb_books;
CREATE TABLE tb_books
(
    Bookid char(6) ,
```

```
    Bookname varchar(50),
    Author varchar(50),
    Press varchar(40),
    Pubdate date,
    Type varchar(20),
    Number int(2),
    Info varchar(255)
);
```

执行上述命令后，用 DESC 语句查看 tb_books 表的结构，执行结果如图 3-20 所示。接下来，使用 ALTER 语句将 Bookid 字段修改为主键，SQL 语句如下。

```
ALTER TABLE tb_books MODIFY Bookid char(6) PRIMARY KEY;
```

为了验证 Bookid 字段的主键约束是否添加成功，再次使用 DESC 语句查看 tb_books 表的结构，执行结果如图 3-21 所示。

信息	结果 1	剖析	状态			
Field	Type	Null	Key	Default	Extra
Bookid	char(6)	YES		(Null)	
Bookname	varchar(50)	YES		(Null)	
Author	varchar(50)	YES		(Null)	
Press	varchar(40)	YES		(Null)	
Pubdate	date	YES		(Null)	
Type	varchar(20)	YES		(Null)	
Number	int	YES		(Null)	
Info	varchar(255)	YES		(Null)	

信息	结果 1	剖析	状态			
Field	Type	Null	Key	Default	Extra
Bookid	char(6)	NO	PRI	(Null)	
Bookname	varchar(50)	YES		(Null)	
Author	varchar(50)	YES		(Null)	
Press	varchar(40)	YES		(Null)	
Pubdate	date	YES		(Null)	
Type	varchar(20)	YES		(Null)	
Number	int	YES		(Null)	
Info	varchar(255)	YES		(Null)	

图 3-20　删除并创建表 tb_books 后的执行结果　　图 3-21　使用 ALTER 语句修改表主键的执行结果

从图 3-21 中可以看出，Bookid 字段的"Key"显示为 PRI，表示此字段为主键。

（3）删除主键约束，语法格式如下。

```
ALTER TABLE 表名 DROP PRIMARY KEY;
```

【例 3-20】　删除 tb_books 表的 Bookid 字段的主键约束，SQL 语句如下。

```
ALTER TABLE tb_books DROP PRIMARY KEY;
```

为了验证 Bookid 字段的主键约束是否删除，使用 DESC 语句查看 tb_books 表的结构，执行结果如图 3-22 所示。

信息	结果 1	剖析	状态			
Field	Type	Null	Key	Default	Extra
Bookid	char(6)	NO		(Null)	
Bookname	varchar(50)	YES		(Null)	
Author	varchar(50)	YES		(Null)	
Press	varchar(40)	YES		(Null)	
Pubdate	date	YES		(Null)	
Type	varchar(20)	YES		(Null)	
Number	int	YES		(Null)	
Info	varchar(255)	YES		(Null)	

图 3-22　删除主键约束的执行结果

从图 3-22 中可以看出，Bookid 字段的"Key"为空，表示此字段已经不是主键了。

2. 复合主键

复合主键指主键由多个字段组成。

(1) 创建表时指定复合主键,其语法格式如下。

```
PRIMARY KEY (字段名1, 字段名2, …, 字段名n);
```

其中,"字段名1,字段名2,…,字段名n"指的是构成主键的多个字段的名称。

【例 3-21】 创建 sales 表,设置 product_id、region_code 字段为复合主键,SQL 语句如下。

```
CREATE TABLE sales
(
    product_id INT(11),
    region_code varchar(10),
    quantity int(11),
    price float,
    PRIMARY KEY (product_id,region_code)
);
```

执行上述命令后,用 DESC 语句查看 sales 表的结构,执行结果如图 3-23 所示。

从图 3-23 中可以看出,product_id 字段和 region_code 字段的"Key"均显示为 PRI,表示这两个字段共同作为主键。

(2) 为已存在的表添加复合主键,语法格式如下。

```
ALTER TABLE 表名 ADD PRIMARY KEY (字段名1, 字段名2, …, 字段名n);
```

【例 3-22】 将 sales 表的 product_id 字段和 region_code 字段作为复合主键。

首先将前面创建的 sales 表删除,再新建 sales 表,SQL 语句如下。

```
DROP TABLE sales;
CREATE TABLE sales
(
    product_id int(11),
    region_code varchar(10),
    quantity int(11),
    price float,
);
```

执行上述命令后,用 DESC 语句查看 sales 表的结构,执行结果如图 3-24 所示。

信息	结果1	剖析	状态		
Field	Type	Null	Key	Default	Extra
product_id	int	NO	PRI	(Null)	
region_code	varchar(10)	NO	PRI	(Null)	
quantity	int	YES		(Null)	
price	float	YES		(Null)	

图 3-23 指定复合主键的执行结果

信息	结果1	剖析	状态		
Field	Type	Null	Key	Default	Extra
product_id	int	YES		(Null)	
region_code	varchar(10)	YES		(Null)	
quantity	int	YES		(Null)	
price	float	YES		(Null)	

图 3-24 删除并新建 sales 表的执行结果

接下来,使用 ALTER 语句将 sales 表的 product_id 字段和 region_code 字段设为复合主键,SQL 语句如下。

```
ALTER TABLE sales ADD PRIMARY KEY (product_id, region_code);
```

为了验证 product_id 字段和 region_code 字段作为复合主键是否添加成功,再次使用 DESC 语句查看 sales 表的结构,执行结果如图 3-25 所示。

Field	Type	Null	Key	Default	Extra
product_id	int	NO	PRI	(Null)	
region_code	varchar(10)	NO	PRI	(Null)	
quantity	int	YES		(Null)	
price	float	YES		(Null)	

信息　结果1　剖析　状态

图 3-25　使用 ALTER 语句修改 sales 表主键的执行结果

（3）删除复合主键约束，语法格式如下。

```
ALTER  TABLE 表名 DROP  PRIMARY  KEY;
```

3.4.2　外键约束

外键用来在两个表的数据之间建立关联，它可以是一个字段或者多个字段。一个表可以有一个或者多个外键。外键对应的是参照完整性，一个表的外键可以为空值，若不为空值，则每一个外键值必须等于另一个表中主键的某个值。注意，关联指的是在关系数据库中，相关表之间的联系。它是通过相同或者相容的字段或字段组来表示的。从表的外键必须关联主表的主键，且关联字段的数据类型必须匹配。

定义外键后，不允许在主表中删除与子表具有关联关系的记录。

主表（父表）：对于两个具有关联关系的表而言，相关联字段中主键所在的那个表即主表。

从表（子表）：对于两个具有关联关系的表而言，相关联字段中外键所在的那个表即从表。

1. 创建表时添加外键约束

语法格式如下。

```
CONSTRAINT 外键名 FOREIGN KEY (从表的外键字段名) REFERENCES 主表名 (主表的主键字段名)
```

其中，"外键名"指从表创建的外键约束的名字。

【例 3-23】　定义借书表 borrow，其表结构见表 3-5；在 borrow 表上创建外键约束，其中图书表 books 为主表，borrow 表为从表。

表 3-5　borrow 表结构

序号	列　名	数据类型	备　注
1	Borrowid	char(6)	借书记录号
2	Borrowbookid	char(6)	图书编号
3	Borrowreaderid	char(6)	借书证号
4	Borrowdate	date	借阅时间
5	Borrownum	Int(2)	借阅册数

定义数据表 borrow，让它的键 Borrowbookid 作为外键关联到 books 表的主键 Bookid，SQL 语句如下。

```
CREATE TABLE borrow
(
    Borrowid char(6) PRIMARY KEY,
    Borrowbookid char(6),
```

```
    Borrowreaderid char(6),
    Borrowdate datetime,
    Borrownum int(2),
    CONSTRAINT fk_bks_brw FOREIGN KEY(Borrowbookid) REFERENCES books(Bookid)
)ENGINE = InnoDB;
```

执行上述命令后，使用 SHOW CREATE TABLE 语句查看 books 表的结构，执行结果如图 3-26 所示。

图 3-26　使用 SHOW CREATE TABLE 语句查看 books 表的执行结果

使用 SHOW CREATE TABLE 语句查看 borrow 表的结构，执行结果如图 3-27 所示。

图 3-27　使用 SHOW CREATE TABLE 语句查看 borrow 表的执行结果

从图 3-27 中可以看出已经成功地创建了 books 表和 borrow 表的主外键关联。要特别注意，主表 books 的主键字段 Bookid 和从表 borrow 的外键字段 Borrowbookid 的数据类型必须兼容或者一致，且含义一样。在创建表时创建表的主外键关联，必须先创建主表，再创建从表。

2. 为已存在的表添加外键约束

语法格式如下。

```
ALTER TABLE 从表名 ADD CONSTRAINT 外键名 FOREIGN KEY (从表的外键字段名) REFERENCES 主表名(主表的主键字段名);
```

其中，"外键名"指从表创建的外键约束的名字。

【例 3-24】　已存在图书表 books 和借阅表 borrow，为借阅表 borrow 创建外键。

（1）删除 borrow 表和 books 表，SQL 语句如下。

```
DROP TABLE borrow;
DROP TABLE books;
```

（2）先创建主表 books，SQL 语句如下。

```
CREATE TABLE books
(
    Bookid char(6) PRIMARY KEY,
    Bookname varchar(50),
    Author varchar(50),
    Press varchar(40),
    Pubdate date,
    Type varchar(20),
    Number int(2),
    Info varchar(255)
)ENGINE = InnoDB;
```

（3）再创建从表 borrow，SQL 语句如下。

```
CREATE TABLE borrow
(
    Borrowid char(6) PRIMARY KEY,
    Borrowbookid char(6),
    Borrowreaderid char(6),
    Borrowdate datetime,
    Borrownum int(2)
)ENGINE = InnoDB;
```

执行上述命令后，使用 SHOW CREATE TABLE 语句查看 books 表，执行结果如图 3-28 所示。

图 3-28　使用 SHOW CREATE TABLE 语句查看 books 表的执行结果

使用 SHOW CREATE TABLE 语句查看 borrow 表，执行结果如图 3-29 所示。

图 3-29　使用 SHOW CREATE TABLE 语句查看 borrow 表的执行结果

接下来，使用 ALTER 语句为 borrow 表创建外键，SQL 语句如下。

```
ALTER TABLE borrow ADD CONSTRAINT fk_bks_brw FOREIGN KEY(Borrowbookid) REFERENCES books
(Bookid);
```

为了验证借阅表 borrow 的外键是否创建成功，再次使用 SHOW CREATE TABLE 语句查看 borrow 表，执行结果如图 3-30 所示。

图 3-30　使用 SHOW CREATE TABLE 语句查看添加外键的执行结果

对比图 3-29 和图 3-30，可以看出已经成功地创建了 books 表和 borrow 表的主外键关联。

3. 删除外键约束

语法格式如下。

```
ALTER TABLE 从表名 DROP FOREIGN KEY 外键名;
```

【例 3-25】　删除 borrow 表 Borrowbookid 字段的外键约束，外键约束名是 fk_bks_brw，SQL 语句如下。

```
ALTER TABLE borrow DROP FOREIGN KEY fk_bks_brw;
```

为了验证 borrow 表 Borrowbookid 字段的外键约束是否删除，使用 SHOW CREATE TABLE 语句查看 borrow 表，执行结果如图 3-31 所示。

信息	结果1	剖析	状态	

Table	Create Table
borrow	=AULT NULL, PRIMARY KEY (`Borrowid`), KEY `fk_bks_brw` (`Borrowbookid`)) ENGINE=InnoDB

图 3-31　使用 SHOW CREATE TABLE 语句查看删除外键执行结果

对比图 3-30 和图 3-31,可以看出已经成功地删除了 books 表和 borrow 表的主外键关联。但是仍出现"Key 'fk_bks_brw'('Borrowbookid')"的信息,是因为 MySQL 在创建外键后,会自动创建一个同名的索引。外键删除,但索引不会被删除。本书会在后续章节中详细介绍索引。

观看视频

3.4.3　非空约束

非空约束指字段的值不能为空。对于使用了非空约束的字段,如果用户在添加数据时没有指定值,数据库系统会报错。

1. 创建表时添加非空约束

语法格式如下。

```
字段名 数据类型 NOT NULL;
```

【例 3-26】　创建 company 表,并设置 company_id 字段为主键,company_address 字段为非空约束,SQL 语句如下。

```
DROP TABLE IF EXISTS company;
CREATE TABLE company
(
    company_id int(11) PRIMARY KEY,
    company_name varchar(50),
    company_address varchar(200) NOT NULL
);
```

执行上述命令后,使用 DESC 语句查看 company 表的结构,执行结果如图 3-32 所示。

信息	结果1	剖析	状态			

Field	Type	Null	Key	Default	Extra
company_id	int	NO	PRI	(Null)	
company_name	varchar(50)	YES		(Null)	
company_address	varchar(200)	NO		(Null)	

图 3-32　创建 company 表时添加非空约束的执行结果

从图 3-32 中可以看出,company_address 字段的"Null"列的值为 NO,表示这个字段不允许为空。

2. 为已经存在的表添加非空约束

语法格式如下。

```
ALTER TABLE 表名 MODIFY 字段名 新数据类型 NOT NULL;
```

此命令可以同时修改字段的数据类型和增加非空约束。如果不修改字段的数据类型,将"新数据类型"写为字段原来的数据类型即可。

【例 3-27】　将 company 表的 company_address 字段设置为非空约束。

首先创建 company 表,SQL 语句如下。

```
DROP TABLE IF EXISTS company;
CREATE TABLE company
(
    company_id int(11) PRIMARY KEY,
    company_name varchar(50),
    company_address varchar(200)
);
```

执行上述命令后,使用 DESC 语句查看 company 表的结构,执行结果如图 3-33 所示。接下来,使用 ALTER 语句将 company_address 字段设置为非空约束,SQL 语句如下。

```
ALTER TABLE company MODIFY company_address VARCHAR(200) NOT NULL;
```

为了验证 company_address 字段的非空约束是否添加成功,再次使用 DESC 语句查看 company 表的结构,执行结果如图 3-34 所示。

信息	结果 1	剖析	状态		
Field	Type	Null	Key	Default	Extra
company_id	int	NO	PRI	(Null)	
company_name	varchar(50)	YES		(Null)	
company_address	varchar(200)	YES		(Null)	

信息	结果 1	剖析	状态		
Field	Type	Null	Key	Default	Extra
company_id	int	NO	PRI	(Null)	
company_name	varchar(50)	YES		(Null)	
company_address	varchar(200)	NO		(Null)	

图 3-33　创建 company 表的执行结果　　　图 3-34　company 表添加非空约束的执行结果

从图 3-34 中可以看出,company_address 字段的"Null"列的值为 NO,表示这个字段不允许为空。

3. 删除非空约束

语法格式如下。

```
ALTER TABLE 表名 MODIFY 字段名 数据类型;
```

【例 3-28】 删除 company 表的 company_address 字段的非空约束。

SQL 语句如下。

```
ALTER TABLE company MODIFY company_address varchar(200);
```

为了验证 company_address 字段的非空约束是否删除成功,使用 DESC 语句查看 company 表的结构,执行结果如图 3-35 所示。

信息	结果 1	剖析	状态		
Field	Type	Null	Key	Default	Extra
company_id	int	NO	PRI	(Null)	
company_name	varchar(50)	YES		(Null)	
company_address	varchar(200)	YES		(Null)	

图 3-35　company 表删除非空约束的执行结果

从图 3-35 中可以看出,company_address 字段的"Null"列的值为 YES,表示这个字段允许为空。

3.4.4　唯一约束

观看视频

唯一约束要求该列值唯一,不能重复。唯一约束可以确保一列或者几列不出现重复值。

1. 创建表时添加唯一约束

语法格式如下。

```
字段名 数据类型 UNIQUE;
```

【例 3-29】　创建 company 表,并将 company_id 字段设置为主键,company_address 字段设置为非空约束,company_name 字段设置为唯一约束。

SQL 语句如下。

```
DROP TABLE IF EXISTS company;
CREATE TABLE company
(
    company_id int(11) PRIMARY KEY,
    company_name varchar(50) UNIQUE,
    company_address varchar(200) NOT NULL
);
```

执行上述命令后,用 DESC 语句查看 company 表的结构,执行结果如图 3-36 所示。

Field	Type	Null	Key	Default	Extra
company_id	int	NO	PRI	(Null)	
company_name	varchar(50)	YES	UNI	(Null)	
company_address	varchar(200)	NO		(Null)	

图 3-36　创建表时添加唯一约束的执行结果

从图 3-36 中可以看出,company_name 字段的"Key"列的值为 UNI,表示这个字段具有唯一约束。

注意:一张表中可以有多个字段声明为唯一约束,但是只能有一个主键;声明为主键的字段不允许有空值,但是声明为唯一约束的字段允许存在空值。

2. 为已存在的表添加唯一约束

语法格式如下。

```
ALTER TABLE 表名 MODIFY 字段名 新数据类型 UNIQUE;
```

此命令可以同时修改字段的数据类型和增加唯一约束。如果不修改字段的数据类型,将"新数据类型"写为字段原来的数据类型即可。

【例 3-30】　将 company 表的 company_name 字段修改为唯一约束。首先创建 company 表,SQL 语句如下。

```
DROP TABLE IF EXISTS company;
CREATE TABLE company
(
    company_id int(11) PRIMARY KEY,
    company_name varchar(50),
    company_address varchar(200) NOT NULL
);
```

执行上述命令后,用 DESC 语句查看 company 表的结构,执行结果如图 3-37 所示。
接下来,使用 ALTER 语句为 company_name 字段添加唯一约束,SQL 语句如下。

```
ALTER TABLE company MODIFY company_name varchar(50) UNIQUE;
```

为了验证 company_name 字段的唯一约束是否添加成功,再次使用 DESC 语句查看 company 表的结构,执行结果如图 3-38 所示。

信息	结果1	剖析	状态

Field	Type	Null	Key	Default	Extra
company_id	int	NO	PRI	(Null)	
company_name	varchar(50)	YES		(Null)	
company_address	varchar(200)	NO		(Null)	

图 3-37　创建表 company 的执行结果

信息	结果1	剖析	状态

Field	Type	Null	Key	Default	Extra
company_id	int	NO	PRI	(Null)	
company_name	varchar(50)	YES	UNI	(Null)	
company_address	varchar(200)	NO		(Null)	

图 3-38　为 company 表添加唯一约束的执行结果

从图 3-38 中可以看出,company_name 字段的“Key”列的值为 UNI,表示这个字段具有唯一约束。

3. 删除唯一约束

语法格式如下。

```
ALTER TABLE 表名 DROP INDEX 字段名;
```

【例 3-31】　删除 company 表的 company_name 字段的唯一约束,SQL 语句如下。

```
ALTER TABLE company DROP INDEX company_name;
```

为了验证 company_name 字段的唯一约束是否删除成功,使用 DESC 语句查看 company 表的结构,执行结果如图 3-39 所示。从图 3-39 中可以看出,company_name 字段的“Key”列的值为空,表示这个字段已没有唯一约束。

信息	结果1	剖析	状态

Field	Type	Null	Key	Default	Extra
company_id	int	NO	PRI	(Null)	
company_name	varchar(50)	YES		(Null)	
company_address	varchar(200)	NO		(Null)	

图 3-39　在 company 表中删除唯一约束的执行结果

观看视频

3.4.5　默认约束

若将数据表中某列定义为默认约束,在用户插入新的数据行时,如果没有为该列指定数据,那么数据库系统会自动将默认值赋给该列,默认值也可以是空值(NULL)。

1. 创建表时添加默认约束

语法格式如下。

```
字段名 数据类型 DEFAULT 默认值;
```

【例 3-32】　创建 company 表,并将 company_id 字段设置为主键,company_address 字段设置为非空约束,company_name 字段设置为唯一约束,company_tel 字段的默认值为“0371-”,SQL 语句如下。

```
DROP TABLE IF EXISTS company;
CREATE TABLE company
(
    company_id int(11) PRIMARY KEY,
    company_name varchar(50) UNIQUE,
    company_address varchar(200) NOT NULL,
```

```
company_tel varchar(20) DEFAULT '0371 - '
);
```

执行上述命令后,用 DESC 语句查看 company 表的结构,执行结果如图 3-40 所示。

Field	Type	Null	Key	Default	Extra
company_id	int	NO	PRI	(Null)	
company_name	varchar(50)	YES	UNI	(Null)	
company_address	varchar(200)	NO		(Null)	
company_tel	varchar(20)	YES		0371-	

图 3-40 例 3-32 的执行结果

从图 3-40 中可以看出,company_tel 字段的“Default”列的值为“0371-”,表示这个字段具有默认值“0371-”。

2. 为已存在的表添加默认约束

语法格式如下。

```
ALTER TABLE 表名 MODIFY 字段名 新数据类型 DEFAULT 默认值;
```

此命令可以同时修改字段的数据类型和增加默认约束。如果不修改字段的数据类型,将“新数据类型”写为字段原来的数据类型即可。

【例 3-33】 为 company 表的 company_tel 字段添加默认约束,默认值为“0371-”。
首先创建 company 表,SQL 语句如下。

```
DROP TABLE IF EXISTS company;
CREATE TABLE company
(
    company_id int(11) PRIMARY KEY,
    company_name varchar(50) UNIQUE,
    company_address varchar(200) NOT NULL,
    company_tel varchar(20)
);
```

执行上述命令后,用 DESC 语句查看 company 表的结构,执行结果如图 3-41 所示。
接下来,使用 ALTER 语句为 company_tel 字段添加默认约束,SQL 语句如下。

```
ALTER TABLE company MODIFY company_tel varchar(20) DEFAULT '0371 - ';
```

为了验证 company_tel 字段的默认约束是否添加成功,再次使用 DESC 语句查看 company 表的结构,执行结果如图 3-42 所示。

Field	Type	Null	Key	Default	Extra
company_id	int	NO	PRI	(Null)	
company_name	varchar(50)	YES	UNI	(Null)	
company_address	varchar(200)	NO		(Null)	
company_tel	varchar(20)	YES		(Null)	

图 3-41 创建 company 表的执行结果

Field	Type	Null	Key	Default	Extra
company_id	int	NO	PRI	(Null)	
company_name	varchar(50)	YES	UNI	(Null)	
company_address	varchar(200)	NO		(Null)	
company_tel	varchar(20)	YES		0371-	

图 3-42 company 表添加默认约束的执行结果

从图 3-42 中可以看出,company_tel 字段的“Default”列的值为“0371-”,表示这个字段具有默认值“0371-”。

3. 删除默认约束

语法格式如下。

```
ALTER TABLE 表名 MODIFY 字段名 数据类型;
```

【例 3-34】 删除 company 表的 company_tel 字段的默认约束，SQL 语句如下。

```
ALTER TABLE company MODIFY company_tel varchar(20);
```

为了验证 company_tel 字段的默认约束是否删除，使用 DESC 语句查看 company 表的结构，执行结果如图 3-43 所示。

Field	Type	Null	Key	Default	Extra
company_id	int	NO	PRI	(Null)	
company_name	varchar(50)	YES	UNI	(Null)	
company_address	varchar(200)	NO		(Null)	
company_tel	varchar(20)	YES		(Null)	

图 3-43   删除 company 表默认约束的执行结果

从图 3-43 中可以看出，company_tel 字段已经没有默认值了。

观看视频

3.5　字段值自动增加

在数据库中，如果表的主键值是逐一增加的，希望在每次插入记录时由系统自动生成，则可以通过为表的主键添加 AUTO_INCREMENT 关键字来实现。在 MySQL 中，AUTO_INCREMENT 字段的初始值是 1，每增加一条记录，字段值自动加 1，但一张表只能有一个字段使用 AUTO_INCREMENT 约束，且该字段必须设置为主键。AUTO_INCREMENT 约束所在的字段可以是任何整数类型（TINYINT，SMALLINT，INT，BIGINT）。

1. 创建表时指定字段值自动增加

语法格式如下。

```
字段名 数据类型 PRIMARY KEY AUTO_INCREMENT;
```

【例 3-35】 创建 company 表，并将 company_id 字段设置为主键，其值自动增加，company_address 字段设置为非空约束，company_name 字段设置为唯一约束，company_tel 字段的默认值设置为"0371-"，SQL 语句如下。

```
DROP TABLE IF EXISTS company;
CREATE TABLE company
(
    company_id int(11) PRIMARY KEY AUTO_INCREMENT,
    company_name varchar(50) UNIQUE,
    company_address varchar(200) NOT NULL,
    company_tel varchar(20) DEFAULT '0371 - '
);
```

执行上述命令后，用 DESC 语句查看 company 表的结构，执行结果如图 3-44 所示。

从图 3-44 中可以看出，company_id 字段的"Extra"列的值为"auto_increment"，表示这个字段值是自动增加的。系统会自动填入自动增加字段的值，用户在插入记录时不需要给出。

图 3-44 创建表时指定字段值自动增加的执行结果

2. 为已存在的表设置字段值自动增加

语法格式如下。

```
ALTER TABLE 表名 MODIFY 字段名 新数据类型 AUTO_INCREMENT;
```

【例 3-36】 设置 company 表的 company_id 字段值自动增加。

首先创建 company 表，SQL 语句如下。

```
DROP TABLE IF EXISTS company;
CREATE TABLE company
(
    company_id int(11) PRIMARY KEY,
    company_name varchar(50) UNIQUE,
    company_address varchar(200) NOT NULL,
    company_tel varchar(20) DEFAULT '0371 - '
);
```

执行上述命令后，用 DESC 语句查看 company 表的结构，执行结果如图 3-45 所示。

接下来，使用 ALTER 语句将 company_id 字段设置为自动增加，SQL 语句如下。

```
ALTER TABLE company MODIFY company_id int(11) AUTO_INCREMENT;
```

为了验证 company_id 字段值的自动增加是否添加成功，再次使用 DESC 语句查看 company 表的结构，执行结果如图 3-46 所示。

图 3-45 创建 company 表的执行结果

图 3-46 company 表设置自动增加的执行结果

从图 3-46 中可以看出，company_id 字段的"Extra"列的值为"auto_increment"，表示这个字段值是自动增加的。

3. 删除字段值的自动增加

语法格式如下。

```
ALTER TABLE 表名 MODIFY 字段名 数据类型;
```

【例 3-37】 删除 company 表的 company_id 字段值的自动增加，SQL 语句如下。

```
ALTER TABLE company MODIFY company_id int(11);
```

为了验证 company_id 字段值的自动增加是否删除，使用 DESC 语句查看 company 表的结构，执行结果如图 3-47 所示。

信息	结果1	剖析	状态				
Field		Type	Null	Key	Default	Extra	
▶ company_id		int	NO	PRI	(Null)		
company_name		varchar(50)	YES	UNI	(Null)		
company_address		varchar(200)	NO		(Null)		
company_tel		varchar(20)	YES		0371-		

图 3-47　删除字段值的自动增加的执行结果

从图 3-47 中可以看出,company_id 字段的"Extra"列的值为空,表示这个字段值不再自动增加。

注意：在为字段删除自动增加并重新添加自动增长后,自动增长的初始值会自动设为该列现有的最大值加 1。在修改自动增加值时,修改的值若小于该列现有的最大值,则修改不会生效。

观看视频

3.6　综合案例：教务管理系统数据库

本节以教务管理系统为例来介绍数据库的创建和数据表的设计。学生可以通过教务管理系统查看所有选修课程的相关信息,包括课程号、课程名、学时、学分,然后选择要选修的课程;学生也可以通过系统查看相关授课教师的信息,包括工号、姓名、性别、学历、职称。教师可以通过系统查看选修自己课程的学生的信息,包括学号、姓名、性别、出生日期、班级。在考试结束后,教师可以通过系统录入学生的考试成绩,学生可以通过系统查看自己的考试成绩。

3.6.1　创建"教务管理系统"数据库

"教务管理系统"数据库的创建语句如下。

```
CREATE DATABASE JwSystem;
```

3.6.2　在"教务管理系统"数据库中创建表

根据教务管理系统的要求,在 jwsystem 数据库中设计如下数据表。

(1) 学生表的结构设计如表 3-6 所示。

表 3-6　学生表(studentInfo)结构

序号	列名	数据类型	允许 NULL 值	约束	备注
1	sno	char(8)	不能为空	主键	学号
2	sname	varchar(10)	不能为空		姓名
3	sgender	char(1)			性别
4	sbirth	date			出生日期
5	sclass	varchar(20)			班级

创建 studentInfo 表的 SQL 语句如下。

```
CREATE TABLE studentInfo
(
    sno char(8) PRIMARY KEY NOT NULL,
```

```
    sname varchar(10) NOT NULL,
    sgender char(2),
    sbirth DATE,
    sclass varchar(20)
);
```

（2）教师表的结构设计如表 3-7 所示。

表 3-7　教师表（teacher）结构

序号	列　名	数据类型	允许 NULL 值	约　束	备注
1	tno	char(4)	不能为空	主键	工号
2	tname	varchar(10)	不能为空		姓名
3	tgender	char(1)			性别
4	tedu	varchar(10)			学历
5	tpro	varchar(8)		默认为"副教授"	职称

创建 teacher 表的 SQL 语句如下。

```
CREATE TABLE teacher
(
    tno char(4) PRIMARY KEY NOT NULL,
    tname varchar(10) NOT NULL,
    tgender char(2),
    tedu varchar(10),
    tpro varchar(8) DEFAULT '副教授'
);
```

（3）课程表的结构设计如表 3-8 所示。

表 3-8　课程表（course）结构

序号	列　名	数据类型	允许 NULL 值	约　束	备注
1	cno	char(4)	不能为空	主键	课程号
2	cname	varchar(40)		唯一约束	课程名
3	cperiod	int			学时
4	credit	decimal(3,1)			学分
5	ctno	char(4)		是教师表的外键	授课教师

创建 course 表的 SQL 语句如下。

```
CREATE TABLE course
(
    cno char(4) PRIMARY KEY NOT NULL,
    cname varchar(40) UNIQUE,
    cperiod int,
    credit decimal(3,1),
    ctno char(4) ,
    CONSTRAINT fk_teacher_course FOREIGN KEY (ctno) REFERENCES teacher(tno)
);
```

（4）成绩表的结构设计如表 3-9 所示。

表 3-9 成绩表（score）结构

序号	列名	数据类型	允许 NULL 值	约　　束	备注
1	sno	char(8)		主键（学号，课程号），其中学号是学生表的外键，课程号是课程表的外键	课程号
2	cno	char(4)			课程名
3	score	int			成绩

创建 score 表的 SQL 语句如下。

```
CREATE TABLE score
(
    sno char(8),
    cno char(4),
    score int,
    PRIMARY KEY (sno,cno),
    CONSTRAINT fk_course_score FOREIGN KEY (cno) REFERENCES course (cno),
    CONSTRAINT fk_stu_score FOREIGN KEY (sno) REFERENCES studentInfo (sno)
);
```

"教务管理系统"数据库创建完毕。

单元小结

本单元介绍了创建数据库、查看数据库、修改数据库、删除数据库等数据库的基本操作；讲解了创建数据表、查看数据表、修改数据表、删除数据表等数据表的基本操作；并介绍了数据库的数据类型和 MySQL 中的 5 种约束：主键约束、外键约束、非空约束、唯一约束、默认约束。

单元实训项目

项目一：创建"网上书店"数据库

在安装好的 MySQL 中创建"网上书店"数据库（如：BookShop）。

项目二：在"网上书店"数据库中创建表

目的：

（1）熟练掌握创建表结构的方法。

（2）掌握查看表信息的方法。

内容：

（1）使用 MySQL 创建会员表（见表 3-10）、图书表（见表 3-11）的表结构。

表 3-10　会员表（user）结构

列　名	数据类型	允许 NULL 值	约　束	备　注
uid	char(4)	不允许	主键	会员编号
uname	varchar(20)			会员昵称
email	varchar(20)			电子邮箱
tnum	varchar(15)			联系电话
score	int			积分

表 3-11　图书表（book）结构

列　名	数据类型	允许 NULL 值	约　束	备　注
bid	int	不允许	主键	图书编号
bname	varchar(50)	不允许		图书名称
author	char(8)			作者
price	float			价格
publisher	varchar(50)			出版社
discount	float			折扣
cid	int		图书类别表的外键	图书类别

（2）使用 MySQL 创建图书类别表（见表 3-12）、订购表（见表 3-13）的表结构。

表 3-12　图书类别表（category）结构

列　名	数据类型	允许 NULL 值	约　束	备　注
cid	int	不允许	主键	类别编号
cname	varchar(16)			类别名称

表 3-13　订购表（b_order）结构

列　名	数据类型	允许 NULL 值	约　束	备　注
bid	int	不允许		图书编号
uid	char(4)	不允许		会员编号
ordernum	int		默认值为 1	订购量
orderdate	datetime			订购日期
deliverydate	datetime			发货日期

（3）使用 DROP TABLE 语句删除上述创建的表，然后使用 CREATE TABLE 语句再次创建上述表。

（4）查看会员表的信息。

（5）修改会员表结构。添加字段"联系地址"，数据类型设置为 varchar(50)；更改"联系地址"为"联系方式"；删除添加的字段"联系地址"。

（6）使用创建表时添加约束和为已存在的表添加约束这两种方式给表添加约束。

单元练习题

一、选择题

1. 下列（   ）不能用作 MySQL 数据库名。

    A. minrisoft   B. mingrisoft_01   C. com＄com   D. 20170609

2. 下列（   ）语句不是创建数据库的语句。

    A. CREATE SCHEMA   B. CREATE DATABASE

    C. CREATE TABLE   D. ALTER TABLE

3. 下列（   ）语句可以用于查看服务器中所有的数据库名称。

    A. SHOW DATABASE   B. SHOW DATABASES

    C. SHOW ENGINES   D. SHOW VARIABLES

4. 下列（   ）语句可以用于将 db_library 数据库作为当前默认的数据库。

    A. CREATE DATABASE db_library   B. SHOW db_library

    C. USE db_library   D. SELECT db_library

5. 下列关于数据类型的选择方法描述错误的是（   ）。

    A. 选择最小的可用类型，如果值永远不超过 127，则使用 TINYINT 比 INT 强

    B. 对于完全都是数字的，可以选择整数类型

    C. 浮点类型用于可能具有小数部分的数

    D. 以上都不对

6. UNIQUE 唯一索引的作用是（   ）。

    A. 保证各行在该索引上的值不能为 NULL

    B. 保证各行在该索引上的值都不能重复

    C. 保证唯一索引不能被删除

    D. 保证参加唯一索引的各列，不能再参加其他的索引

7. 创建数据表时，使用（   ）语句。

    A. ALTER TABLE   B. CREATE DATABASE

    C. CREATE TABLE   D. ALERT DATABASE

8. 下列（   ）不是 MySQL 常用的数据类型。

    A. INT   B. VARCHAR   C. CHAR   D. MONEY

9. 想要删除数据库中已经存在的数据表，可以使用（   ）语句。

    A. CREATE TABLE   B. DROP DATABASE

    C. ALERT TABLE   D. DROP TABLE

10. 在 MySQL 中，非空约束可以通过（   ）关键字定义。

    A. NOT NULL   B. DEFAULT

    C. CHECK   D. UNIQUE

二、判断题

1. MySQL 数据库一旦安装成功，创建的数据库编码也就确定了，是不可以更改的。

                                                     （   ）

2. 在 MySQL 中,如果添加的日期类型不合法,系统将报错。 （　　）
3. 在删除数据表的时,如果表与表之间存在关系,那么可能导致删除失败。 （　　）
4. 一张数据表中可以有多个主键约束。 （　　）

三、简答题

1. 简述主键的作用及其特征。
2. 创建、查看、修改、删除数据库的语句是什么?
3. 创建、查看、修改、删除数据表的语句是什么?
4. 数据表有哪些约束? 写出为数据表添加约束的语句。
5. 什么是非空约束? 写出其基本语法格式。
6. 什么是默认约束? 写出其基本语法格式。

在线答题

拓展阅读

单元4
表数据的增、删、改操作

成功创建数据表后,需要向表中插入数据,必要时还需要对数据进行修改和删除,这些操作称为数据表记录的更新操作。本单元以"教务管理系统"数据库为例,讲解数据表记录的更新操作。

本单元主要学习目标如下:

- 掌握向数据表中添加记录的方法。
- 掌握修改数据表中记录的方法。
- 掌握删除数据表中记录的方法。

4.1　数据表记录的插入

创建数据库和数据表后,接下来要考虑的是如何向数据表中添加数据,该操作可以使用INSERT 语句完成。使用 INSERT 语句可以向一个已有的数据表中插入一行新记录。

使用 INSERT…VALUES 语句插入数据,是 INSERT 语句最常用的语法格式。它的语法格式如下。

```
INSERT [LOW_PRIORITY | DELAYED | HIGH PRIORITY] [IGNORE]
[INTO] 数据表名 [(字段名,…)]
VALUES({值 | DEFAULT},…),(…),…
[ON DUPLICATE KEY UPDATE 字段名 = 表达式,…]
```

参数说明如下:

(1) [LOW_PRIORITY | DELAYED | HIGH PRIORITY]:可选项,其中 LOW_PRIORITY 是 INSERT、UPDATE、DELETE 语句都支持的一种可选修饰符,通常应用在多用户访问数据库的情况下,用于指示 MySQL 降低 INSERT、DELETE 或 UPDATE 操作执行的优先级;DELAYED 是 INSERT 语句支持的一种可选修饰符,用于指定 MySQL 服务器把待插入的行数据放到一个缓冲器中,直到待插入数据的表空闲时,才真正地在表中插入数据行;HIGH PRIORITY 是 INSERT 和 SELECT 语句支持的一种可选修饰符,用于指定 INSERT 和 SELECT 的操作优先级。

(2) [IGNORE]:可选项,表示在执行 INSERT 语句时表现的错误都会被当作警告处理。

(3) [INTO]数据表名:可选项,用户指定被操作的数据表。

(4) [(字段名,…)]:可选项,当不指定该选项时,表示要向表中所有列插入数据,否则表示向数据表的指定列插入数据。

（5）VALUES（{值|DEFAULT}，…），（…），…：必选项，用于指定需要插入的数据清单，其顺序必须与字段的顺序对应。其中每一列的数据可以是一个常量、变量、表达式或者 NULL，但是其数据类型要与对应的字段类型相匹配；也可以直接使用 DEFAULT 关键字，表示为该列插入默认值，但是使用的前提是已经明确指定了默认值，否则会出错。

（6）ON DUPLICATE KEY UPDATE 子句：可选项，用于指定向表中插入行时，如果导致 UNIQUE KEY 或 PRIMARY KEY 出现重复值，系统会根据 UPDATE 后的语句修改表中原有行的数据。

INSERT…VALUES 语句使用时，通常有 3 种方式：插入完整记录、插入数据记录的一部分、插入多条记录。

4.1.1　插入完整记录

观看视频

【例 4-1】　用 INSERT 语句为 jwsystem 数据库中的 studentinfo 表添加一条记录。

（1）在写插入数据的语句之前，先查看一下数据表 studentinfo 的表结构，SQL 语句如下。

```
DESC studentinfo;
```

执行结果如图 4-1 所示。

（2）先选择数据表所在的数据库，然后使用 INSERT…VALUES 语句完成数据插入操作，SQL 语句如下。

```
USE jwsystem;
INSERT INTO studentinfo(sno,sname,sgender,sbirth,sclass)
VALUES
('200201','张明','男','1998－8－5','Java2001');
```

执行结果如图 4-2 所示。

信息	结果 1	剖析	状态		
Field	Type	Null	Key	Default	Extra
▶ sno	char(8)	NO	PRI	(Null)	
sname	varchar(10)	NO		(Null)	
sgender	char(2)	YES		(Null)	
sbirth	date	YES		(Null)	
sclass	varchar(20)	YES		(Null)	

图 4-1　查看数据表 studentinfo 的表结构

```
信息 | 剖析 | 状态
USE jwsystem
> OK
> 时间: 0s

INSERT INTO studentinfo
VALUES
('200201','张明','男','1998-8-5','Java2001')
> Affected rows: 1
> 时间: 0.004s
```

图 4-2　向数据表 studentinfo 中插入
一条完整的数据

注意：上述语句为数据表 studentinfo 的所有字段都指定了值，所以可以简写为如下语句。

```
USE jwsystem;
INSERT INTO studentinfo
VALUES
('200201','张明','男','1998－8－5','Java2001');
```

（3）通过 SELECT 语句查看数据表 studentinfo 中的数据，SQL 语句如下。

```
SELECT * FROM studentinfo;
```

执行结果如图 4-3 所示。

图 4-3   查看 studentinfo 表中新插入的数据

观看视频

4.1.2   插入数据记录的一部分

【例 4-2】 用 INSERT 语句向 jwsystem 数据库中的 teacher 表添加另一条记录。

（1）在写插入数据的语句之前，先查看一下数据表 readers 的表结构，SQL 语句如下。

```
DESC teacher;
```

执行结果如图 4-4 所示。

图 4-4   查看数据表 teacher 的表结构

（2）先选择数据表所在的数据库，再使用 INSERT…VALUES 语句完成数据插入，SQL 语句如下。

```
USE jwsystem;
INSERT INTO teacher(tno,tname,tedu,tpro)
VALUES
('1011','李杰','博士研究生','副教授');
```

执行结果如图 4-5 所示。

（3）通过 SELECT 语句查看数据表 teacher 中的数据，SQL 语句如下。

```
SELECT * FROM teacher;
```

执行结果如图 4-6 所示。

图 4-5   向数据表 teacher 中插入数据
　　　　记录的一部分

图 4-6   查看 teacher 表中新插入的数据

注意：使用 INSERT 语句为部分字段添加值时，必须要在表名后写明为哪些字段添加值。表名后的字段名顺序可以与表中定义的字段顺序不一致,但需要与 VALUES 语句后面值的顺序一致。

4.1.3 插入多条记录

有时需要一次性向表中插入多条记录。MySQL 提供了使用一条 INSERT 语句同时添加多条记录的功能,其语法格式如下。

观看视频

```
INSERT [INTO] 表名 [(字段名列表)]
VALUES (值列表),(值列表),
…
(值列表);
```

【例 4-3】 用 INSERT 语句向 jwsystem 数据库中的 teacher 表添加多条记录。

(1) 先选择数据表所在的数据库,然后使用 INSERT…VALUES 语句完成数据插入,SQL 语句如下。

```
USE jwsystem;
INSERT INTO teacher(tno,tname,tgender,tedu,tpro)
VALUES
('1012','李连杰','硕士研究生','男','讲师'),
('1013','黄大发','大专','男','讲师'),
('1014','李晨','本科','女','讲师');
```

执行结果如图 4-7 所示。

(2) 通过 SELECT 语句查看数据表 teacher 中的数据,SQL 语句如下。

```
SELECT * FROM teacher;
```

执行结果如图 4-8 所示。

tno	tname	tgender	tedu	tpro
1008	黄阳	男	博士研究生	讲师
1009	胡冬	男	博士研究生	讲师
1010	许杰	男	博士研究生	教授
1011	李杰	(Null)	博士研究生	副教授
1012	李连杰	男	硕士研究生	讲师
1013	黄大发	男	大专	讲师
1014	李晨	女	本科	讲师

```
信息 | 剖析 | 状态
INSERT INTO teacher(tno,tname,tgender,tedu,tpro)
VALUES
('1012','李连杰','男','硕士研究生','讲师'),
('1013','黄大发','男','大专','讲师'),
('1014','李晨','女','本科','讲师')
> Affected rows: 3
> 时间: 0.005s
```

图 4-7 向数据表 teacher 中插入 3 条记录　　　图 4-8 查看 teacher 表中新插入的 3 条记录

注意:

(1) INSERT 语句成功执行后,可以通过查询语句查看数据是否添加成功。

(2) 在添加多条记录时,可以不指定字段名列表,只需要保证 VALUES 语句后面的值是依照字段在表中定义的顺序排列的即可。

(3) 和添加单条记录一样,如果不指定字段名,必须为所有字段添加数据,如果指定了字段名,只需要为指定的字段添加数据即可。

4.2 数据表记录的修改

在数据库中,要执行修改的操作,可以使用 UPDATE 语句,语法格式如下。

观看视频

```
UPDATE [LOW_PRIORITY][IGNORE] 数据表名
SET 字段 1 = 值 1[, 字段 2 = 值 2…]
[WHERE 条件表达式]
[ORDERBY …]
[LIMIT 行数]
```

参数说明如下。

（1）[LOW_PRIORITY]：可选项，表示在多用户访问数据库的情况下可用延迟 UPDATE 操作，直到没有别的用户再从表中读取数据为止。这个过程仅适用于表级锁的存储引擎。

（2）[IGNORE]：在 MySQL 中，通过 UPDATE 语句更新表中的多行数据时，如果出现错误，那么整个 UPDATE 语句操作都会被取消，错误发生前更新的所有行将被恢复到它们原来的值。因此，为了在发生错误时也要继续进行更新，可以在 UPDATE 语句中使用 IGNORE 关键字。

（3）SET 子句：必选项，用于指定表中要修改的字段名及其字段值。其中的值可以是表达式，也可以是该字段对应的默认值。如果要指定默认值，则须使用关键字 DEFAULT。

（4）WHERE 子句：可选项，用于限定表中要修改的行，如果不指定该子句，那么 UPDATE 语句会更新表中的所有行。

（5）ORDERBY 子句：可选项，用于限定表中的行被修改的次序。

（6）LIMIT 子句：可选项，用于限定被修改的行数。

【例 4-4】 在 jwsystem 数据库中，把 teacher 表中 tedu 字段的值由"研究生"改为"硕士研究生"，SQL 语句如下。

```
UPDATE teacher
SET tedu = '硕士研究生'
WHERE tedu = '研究生';
```

执行结果如图 4-9 所示。

注意：有 4 行数据受影响，说明把 teacher 表中 tedu 字段下的 4 个值全部改为了"硕士研究生"。

通过 SELECT 语句查看数据表 teacher 中的数据，SQL 语句如下。

```
SELECT * FROM teacher WHERE tedu = '研究生';
```

执行结果如图 4-10 所示。

图 4-9 "研究生"改为"硕士研究生"

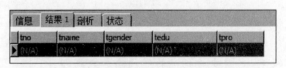

图 4-10 查看修改后的结果

查询没有结果，说明 tedu 字段下的 4 个"研究生"值全部改为了"硕士研究生"。

4.3 数据表记录的删除

在数据库中,有些数据已经失去意义或者存在错误时就需要将它们删除。在 MySQL 中,可以使用 DELETE 语句或者 TRUNCATE TABLE 语句删除表中的一行或多行数据,下面分别对它们进行介绍。

4.3.1 使用 DELETE 语句删除数据

观看视频

通过 DELETE 语句删除数据的基本语法格式如下。

```
DELETE [LOW_PRIORITY][QUICK][IGNORE] FROM 数据表名
[WHERE 条件表达式]
[ORDERBY … ]
[LIMIT 行数]
```

参数说明如下。

(1)[LOW_PRIORITY]:可选项,表示在多用户访问数据库的情况下可用延迟 UPDATE 操作,直到没有别的用户再从表中读取数据为止。这个过程仅适用于表级锁的存储引擎。

(2)[QUICK]:可选项,用于加快部分种类的删除操作的速度。

(3)[IGNORE]:在 MySQL 中,通过 DELETE 语句更新表中的多行数据时,如果出现错误,整个 DELETE 语句操作都会被取消,错误发生前更新的所有行将被恢复到它们原来的值。因此,为了在发生错误时也能继续进行更新,可以在 DELETE 语句中使用 IGNORE 关键字。

(4)数据表名:用于指定要删除的数据表的表名。

(5)WHERE 子句:可选项,用于限定表中要删除的行,如果不指定该子句,那么 DELETE 语句会删除表中的所有行。

(6)ORDERBY 子句:可选项,用于限定表中的行被删除的次序。

(7)LIMIT 子句:可选项,用于限定被删除的次数。

注意:该语句在执行过程中,如果没有指定 WHERE 条件,将删除所有的记录;如果指定了 WHERE 条件,将按照指定的条件进行删除。删除表记录时,需要表与表之间的外键约束,否则可能会出现删除时报错的情况。

【例 4-5】 在 jwsystem 数据库中,从 teacher 表中将姓名为"李晨"的记录删除,SQL 语句如下。

```
DELETE FROM teacher
WHERE tname = '李晨';
```

执行结果如图 4-11 所示。

注意:只有一行数据受影响,说明只有李晨老师的记录被删除了。

通过 SELECT 语句查看数据表 teacher 中的数据,SQL 语句如下。

```
SELECT * FROM teacher WHERE tname = '李晨';
```

执行结果如图 4-12 所示,查询没有结果,该教师信息已被删除。

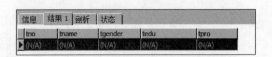

图 4-11　删除 teacher 表中姓名为"李晨"的记录　　　图 4-12　查看删除后的结果

观看视频

4.3.2　使用 TRUNCATE 语句删除数据

删除数据时，如果要从表中删除所有的行，可以使用 TRUNCATE TABLE 语句来实现，删除数据的基本语法格式如下。

TRUNCATE [TABLE] 数据表名

在上面的语法中，数据表名表示的就是删除的数据表的表名，也可以使用"数据库名.数据表名"指定该数据表隶属于哪个数据库。

注意：由于 TRUNCATE TABLE 语句会删除数据库中的所有数据，并且无法恢复，因此使用 TRUNCATE TABLE 语句时一定要十分小心。

【例 4-6】　在 jwsystem 数据库中，使用 TRUNCATE TABLE 语句清空表中的记录。

（1）数据表 teacher 与其他表关联，删除数据会报错，先建一张新的数据表 tb_teacher，结构与 teacher 表的一致，但不与其他数据表关联，SQL 语句如下。

```
CREATE TABLE tb_teacher
(
    tno CHAR(4) PRIMARY KEY NOT NULL,
    tname varchar(10) NOT NULL,
    tgender char(2),
    tedu varchar(10),
    tpro varchar(8) DEFAULT '副教授'
);
```

按之前介绍方法向 tb_teacher 表中插入 5 条记录，执行结果如图 4-13 所示。

tno	tname	tgender	tedu	tpro
1001	杜清颖	女	本科	讲师
1002	赵夏前	男	本科	讲师
1003	胡祥	男	研究生	副教授
1004	何纯	女	研究生	副教授
1005	刘小娟	女	研究生	讲师

图 4-13　表 tb_teacher 结构与记录

（2）使用 TRUNCATE TABLE 语句清空表，SQL 语句如下。

TRUNCATE TABLE tb_teacher;

执行结果如图 4-14 所示。

图 4-14　使用 TRUNCATE 语句清空数据表 tb_teacher

通过 SELECT 语句查看数据表 tb_teacher,SQL 语句如下。

```
SELECT * FROM tb_teacher;
```

执行结果如图 4-15 所示,查询没有结果,数据表 tb_teacher 已被清空。

图 4-15　数据表 tb_teacher 已被清空

注意:DELETE 语句和 TRUNCATE TABLE 语句都能删除表中的所有数据,但两者也有一定的区别,下面对两者的区别进行说明。

(1) 使用 TRUNCATE TABLE 语句后,表中的 AUTO_INCREMENT 计数器将被重新设为该列的初始值。

(2) 对于参与了索引和视图的表,不能使用 TRUNCATE TABLE 语句删除数据,应使用 DELETE 语句。

(3) TRUNCATE TABLE 操作比 DELETE 操作使用的系统和事务日志资源少。DELETE 语句每删除一行,都会在事务日志中添加一行记录,而 TRUNCATE TABLE 语句是通过释放存储表数据用的数据页删除数据的,因此只在事务日志中记录页的释放。

单元小结

创建数据库和数据表后,就可以针对表中的数据进行各种交互操作了,这些操作可以有效地使用、维护和管理数据库中的表数据,其中最常用的是添加、修改和删除操作。本章介绍了在 MySQL 中对数据表进行数据添加、数据修改和数据删除的具体方法,即对表数据的增、删、改操作。插入操作指把数据插入数据表的指定位置,可通过 INSERT 语句完成,修改操作使用 UPDATE 语句实现,删除操作使用 DELETE 语句或 TRUNCATE TABLE 语句实现。

单元实训项目

项目:在"网上书店"数据库的相关数据表中插入记录

目的:熟练掌握使用 INSERT、DELETE、UPDATE 语句向表中添加、删除、修改记录。

内容:

(1) "网上书店"数据库中的记录分别如表 4-1~表 4-4 所示。

表 4-1　user 表数据

uid	uname	email	tnum	score
1001	何仙姑	Hxg18@163.com	1332…1991	20
1002	平平人生	Lp011@126.com	1354…8219	300
1003	四十不惑	12345@qq.com	1868…8818	1000

uid	uname	email	tnum	score
1004	桃花岛主	810124@qq.com	1306…1234	600
1005	水灵	zs123@371.cn	1583…2503	150
1006	感动心灵	gandong@tom.com	1364…1234	500

表 4-2　book 表数据

bid	bname	author	price	publisher	discount	cid
1	中国时代	师永刚	39.0	作家出版社	27.8	1
2	中国历史的屈辱	王重旭	26.0	华夏出版社	18.2	2
3	择业要趁早	海文	28.0	海天出版社	19.3	3
4	房间	爱玛	37.6	人民文学出版社	26.3	4
5	平凡的世界	路遥	75	北京出版社	63.75	4
6	心灵鸡汤	关然	27.0	大豫出版社	20.0	3
7	蜕	赵婷	32.0	上海出版社	28.5	3

表 4-3　category 表数据

cid	cname
1	历史
2	家教
3	文化
4	小说

表 4-4　b_order 表数据

uid	bid	ordernum	orderdate	deliverydate
1001	1	2	2016-03-12	
1001	3	1	2016-04-15	
1001	1	1	2016-09-15	
1003	7	1	2015-12-14	
1003	3	1	2016-10-10	
1005	5	1	2015-08-17	
1005	7	3	2016-11-12	
1006	5	1	2016-09-18	
1006	1	2	2016-10-21	
1006	7	2	2015-11-21	

（2）使用 SQL 语句分别向 user 表（表 4-1）、book 表（表 4-2）、category 表（表 4-3）、b_order 表（表 4-4）插入记录。

（3）使用 SQL 语句修改表中记录。

① 把 user 表中 uid 字段值为 1001 的记录的 uname 字段值修改为"何大姑"。

② 把 b_order 表中 uid 字段值为 1003 且 bid 字段值为 3 的记录的 ordernum 字段值改为"10"，并把该记录的 orderdate 字段值改为"2020-10-01"，deliverydate 字段值设为"2020-10-03"。

（4）使用 SQL 语句删除表中记录。

① 删除 2019 年的订单信息。

② 清空 book 表。

单元练习题

一、选择题

1. 下面选项中,用于删除表中数据的关键字是(　　)。

　　A. ALTER　　　　B. DROP　　　　C. UPDATE　　　D. DELETE

2. 在执行添加数据时出现"Field 'name' doesn't have a default value"错误,可能导致错误的原因是(　　)。

　　A. INSERT 语句出现了语法问题

　　B. name 字段没有指定默认值,且添加了 NOT NULL 约束

　　C. name 字段指定了默认值

　　D. name 字段指定了默认值,且添加了 NOT NULL 约束

3. 下列用于更新的 SQL 语句中,正确的是(　　)。

　　A. UPDATE user SET id＝u001 ;

　　B. UPDATE user(id,username) VALUES('u001','jack');

　　C. UPDATE user SET id＝'u001',username＝'jack';

　　D. UPDATE INTO user SET id＝'u001', username＝'jack';

4. 下面选项中,关于 SQL 语句"TRUNCATE TABLE user;"的作用是解释,正确的是(　　)。

　　A. 查询 user 表中的所有数据

　　B. 与"DELETE FROM user;"完全一样

　　C. 删除 user 表,并再次创建 user 表

　　D. 删除 user 表

二、判断题

1. 向表中添加数据不仅可以实现整行记录添加,还可以实现添加指定的字段对应的值。　　　　　　　　　　　　　　　　　　　　　　　　　　　　　(　　)

2. 如果某个字段在定义时添加了非空约束,但没有添加默认约束,那么插入新记录时就必须为该字段赋值,否则数据库系统会提示错误。　　　　　　　　　　(　　)

3. 在 DELETE 语句中如果没有使用 WHERE 子句,则会将表中的所有记录都删除。　　　　　　　　　　　　　　　　　　　　　　　　　　　　　　　　(　　)

4. 使用 TRUNCATE 删除表中的记录,它是先删除数据表,然后重新创建表,所以效率更高。　　　　　　　　　　　　　　　　　　　　　　　　　　　　　　(　　)

三、简答题

1. 简述 DELETE 语句与 TRUNCATE 语句的区别。

2. 请写出更新表中记录的基本语法格式。

在线答题

拓展阅读

单元5

表记录的检索

表记录的检索指从数据库中获取所需要的数据，又称数据查询。它是数据库操作中最常用，也是最重要的操作。用户可以根据自己对数据的需求，使用不同的查询方式，获得不同的数据。在 MySQL 中，使用 SELECT 语句实现数据查询的。本单元将对查询语句的基本语法、在单表上查询数据、使用聚合函数查询数据、合并查询结果等内容进行详细讲解。

本单元主要学习目标如下：

- 熟练掌握查询简单数据记录的方法。
- 熟练掌握查询条件数据记录的方法。
- 熟练掌握查询分组数据的方法。
- 熟练掌握查询多表连接的方法。
- 熟练掌握子查询的方法。
- 能使用图形管理工具和命令方式实现数据的各类查询操作。

观看视频

5.1 基本查询语句

查询是关系数据库中使用最频繁的操作，也是其他 SQL 语句的基础。例如，当要删除或更新某些数据记录时，首先需要查询这些记录，然后再对其进行相应的 SQL 操作。因此，基于 SELECT 的查询操作就显得十分重要，其基本语法格式如下。

```
SELECT [ALL|DISTINCT]要查询的内容
FROM 表名列表
[WHERE 条件表达式]
[GROUP BY 字段名列表[HAVING 逻辑表达式]]
[ORDER BY 字段名[ASC|DESC]]
[LIMIT [OFFSET,] n];
```

参数说明如下。

（1）SELECT 要查询的内容："要查询的内容"可以是一个字段、多个字段，甚至是全部字段，还可以是表达式或函数。若是要查询部分字段，需要将各字段名用逗号分隔开，各字段名在 SELECT 子句中的顺序决定了它们在结果中显示的顺序。用"＊"表示返回所有字段。

（2）ALL|DISTINCT：用来标识在查询结果集中对相同行的处理方式。默认值为 ALL。

① 关键字 ALL 表示返回查询结果集中的所有行，包括重复行。

② 关键字 DISTINCT 表示若查询结果集中若有相同的行,则只显示一行。

(3) FROM 表名列表:指定用于查询的数据表的名称以及它们之间的逻辑关系。

(4) WHERE 条件表达式:用于指定数据查询的条件。

(5) GROUP BY 字段名列表:用来指定将查询结果根据什么字段分组。

(6) HAVING 逻辑表达式:用来指定对分组的过滤条件,选择出满足查询条件的分组记录集。

(7) ORDER BY 字段名[ASC|DESC]:用来指定查询结果集的排序方式。ASC 表示结果集按指定的字段以升序排列,DESC 表示结果集按指定的字段以降序排列。默认为 ASC。

(8) LIMIT [OFFSET,] n:用于限制查询结果的数量。LIMIT 后面可以跟两个参数,第一个参数"OFFSET"表示偏移量,如果偏移量为 0,则从查询结果的第一条记录开始显示;如果偏移量为 1,则从查询结果的第二条记录开始显示,以此类推。OFFSET 为可选值,如果不指定具体的值,则其默认值为 0。第二个参数"n"表示返回的查询记录的条数。

注意:

(1) 在上述语法结构中,SELECT 查询语句共有 7 个子句,其中 SELECT 和 FROM 子句为必选子句,而 WHERE、GROUP BY、ORDER BY 和 LIMIT 子句为可选子句,HAVING 子句与 GROUP BY 子句联合使用,不能单独使用。

(2) SELECT 子句既可以实现数据的简单查询、结果集的统计查询,也可以实现多表查询。

5.2 单表查询

5.2.1 简单数据记录查询

观看视频

MySQL 通过 SELECT 语句实现数据记录的查询。简单数据查询的语法格式如下。

```
SELECT * | <字段列表>
FROM 数据表;
```

在上述查询语句中,星号"*"表示查询数据表的所有字段值,"字段列表"表示查询指定字段的字段值,数据表表示所要查询数据记录的表名。根据查询需求不同,该 SQL 语句可以通过以下两种方式使用。

(1) 查询所有字段数据。

(2) 查询指定字段数据。

【例 5-1】 查询 jwsystem 数据库的 studentinfo 表,输出所有学生的详细信息。

提示:查询结果要输出表或视图的特定字段时,要明确指出字段名,多个字段名之间用逗号分开。

(1) 查看数据表 studentinfo 的表结构,SQL 语句如下。

```
DESC studentinfo;
```

执行结果如图 5-1 所示。

（2）首先选择数据表 studentinfo 所在的数据库,然后执行 SELECT 语句查询所有字段的数据,对应的 SQL 语句如下。

```
USE jwsystem;
SELECT sno,sname,sgender,sbirth,sclass
FROM studentinfo;
```

执行结果如图 5-2 所示。

图 5-1　数据表 studentinfo 的结构

图 5-2　数据表 studentinfo 中所有字段记录

注意:

（1）在 SELECT 子句的查询字段列表中,字段的顺序是可以改变的,无须按照表中定义的顺序排列。例如,上述语句可以写为:

```
SELECT sname,sno,sgender,sbirth,sclass
FROM studentinfo;
```

（2）当要查询的内容是数据表中所有列的集合时,可以用符号"＊"代表所有字段名的集合。例如,上述语句可以写为:

```
SELECT ＊ FROM studentinfo;
```

执行结果和图 5-2 是一样的。

【例 5-2】　查询 jwsystem 数据库的 studentinfo 表,输出所有学生的学号和姓名。

提示:要从表中选择部分字段进行输出,则需要在 SELECT 后面给出所选字段的字段名,各字段名之间用逗号隔开。查询结果集中字段显示的顺序与 SELECT 子句中给出的字段顺序相同。

（1）首先选择数据表 studentinfo 所在的数据库,然后执行 SELECT 语句查询指定字段的数据,对应的 SQL 语句如下。

```
USE jwsystem;
SELECT sno,sname
FROM studentinfo;
```

执行结果如图 5-3 所示。

（2）调整 SELECT 后字段的排列顺序,对应的 SQL 语句如下。

```
SELECT sname ,sno
FROM studentinfo;
```

执行结果如图 5-4 所示。

（3）如果指定的字段在数据表中不存在,则查询报错。例如,在 studentinfo 数据表中查询字段名为 price 的数据,对应的 SQL 语句如下。

| 信息 | 结果1 | 剖析 | 状态 |

sno	sname
▶ 200101	王敏
200102	董政辉
200103	陈莎
200104	汪一娟
200105	朱杰礼
200106	李文赞
200107	张鑫源

| 信息 | 结果1 | 剖析 | 状态 |

sname	sno
▶ 王敏	200101
董政辉	200102
陈莎	200103
汪一娟	200104
朱杰礼	200105
李文赞	200106
张鑫源	200107

图 5-3　studentinfo 表中指定字段的数据记录　　　图 5-4　调整指定字段顺序的查询结果

```
SELECT price
FROM studentinfo;
```

执行结果将报错,错误信息"1054-Unknowncolumn'price'in'fieldlist'"提示不存在 price 字段。

【例 5-3】　查询 jwsystem 数据库的 studentinfo 表,输出所有学生的学号、姓名,以及此次查询的日期和时间。

提示:可以使用 now()函数输出当前日期和时间。

对应的 SQL 语句如下。

```
SELECT * ,now()
FROM studentinfo;
```

执行结果如图 5-5 所示。

| 信息 | 结果1 | 剖析 | 状态 |

sno	sname	sgender	sbirth	sclass	now()
▶ 200101	王敏	女	2000-01-02	Java2001	2021-02-02 11:34:14
200102	董政辉	男	2000-01-02	Java2001	2021-02-02 11:34:14
200103	陈莎	女	2000-01-02	Java2001	2021-02-02 11:34:14
200104	汪一娟	女	2000-01-02	Java2001	2021-02-02 11:34:14
200105	朱杰礼	男	2000-01-02	Java2001	2021-02-02 11:34:14
200106	李文赞	男	1999-01-02	Java2001	2021-02-02 11:34:14
200107	张鑫源	男	1999-01-02	Java2001	2021-02-02 11:34:14

图 5-5　显示查询记录的日期和时间

注意:使用 SELECT 语句进行查询时,查询结果集中字段的名称与 SELECT 子句中字段的名称相同。也可以在 SELECT 语句中,让查询结果集显示新的字段名,称为字段的别名。指定返回字段的别名有以下两种方法。

字段名 AS 别名

或

字段名 别名

【例 5-4】　查询 jwsystem 数据库的 studentinfo 表,输出所有学生的学号、姓名以及此次查询的日期和时间,并分别使用"学号""姓名""查询日期"作为别名,对应的 SQL 语句如下。

```
SELECT sno 学号,sname AS 姓名, now() AS 查询日期
FROM studentinfo;
```

执行结果如图 5-6 所示。

观看视频

图 5-6　字段名以别名显示的查询结果

5.2.2　使用 DISTINCT 子句

当在 MySQL 中执行数据查询时，查询结果可能会包含重复的数据。如果需要消除这些重复数据，可以在 SELECT 语句中使用 DISTINCT 关键字，语法格式如下。

```
SELECT DISTINCT 字段名
FROM 表名;
```

【例 5-5】　查询 jwsystem 数据库的 studentinfo 表，输出学生所在的班级，每个班级只输出一次。

提示：使用 DISTINCT 关键字可以消除查询结果集中的重复行。否则，查询结果集中将包括所有满足条件的行。

（1）首先选择数据表 studentinfo 所在的数据库，然后执行 SELECT 语句查询 sclass 字段的值，对应的 SQL 语句如下。

```
USE jwsystem;
SELECT sclass
FROM studentinfo;
```

（2）上一步骤的返回结果中有重复数据，使用 DISTINCT 关键字消除重复数据，对应的 SQL 语句如下。

```
SELECT DISTINCT sclass
FROM studentinfo;
```

执行结果如图 5-7 所示。

图 5-7　使用 DISTINCT 子句消除重复记录

注意：DISTINCT 关键字不能部分使用，一旦使用，将会应用于所有指定的字段，而不仅是某一个，也就是所有字段的组合值重复时才会被消除。

观看视频

5.2.3　使用 WHERE 子句

WHERE 子句可以指定查询条件，用以从数据表中筛选出满足条件的数据行。其语法格式如下。

```
SELECT [ALL|DISTINCT] 要查询的内容
FROM 表名列表
WHERE 条件表达式;
```

WHERE 子句的条件表达式可以使用的运算符如表 5-1 所示。

表 5-1　条件表达式的运算符

运算符分类	运　算　符	说　　明
比较运算符	>、>=、=、<、<=、<>、!=、! >、! <	比较字段值的大小
范围运算符	BETWEEN…AND、NOT BETWEEN…AND	判断字段值是否在指定范围内
列表运算符	IN、NOT IN	判断字段值是否在指定的列表中
模式匹配运算符	LIKE、NOT LIKE	判断字段值是否和指定的模式字符串匹配
空值判断运算符	IS NULL、IS NOT NULL	判断字段值是否为空
逻辑运算符	AND、OR、NOT	用于多个条件表达式的逻辑连接

1．比较运算符的使用

【例 5-6】　查询 jwsystem 数据库的 studentinfo 表,输出 Java2001 班学生的详细信息,对应的 SQL 语句如下。

```
USE jwsystem;
SELECT *
FROM studentinfo
WHERE sclass = 'Java2001';
```

执行结果如图 5-8 所示。

2．范围运算符的使用

【例 5-7】　查询 jwsystem 数据库的 studentinfo 表,输出 1999 年出生的学生的详细信息,对应的 SQL 语句如下。

```
USE jwsystem;
SELECT *
FROM studentinfo
WHERE sbirth BETWEEN '1999 - 1 - 1' AND '1999 - 12 - 31';
```

执行结果如图 5-9 所示。

图 5-8　班级为 Java2001 的学生详细信息

图 5-9　1999 年出生的学生的详细信息

注意:日期和时间类型是一个特殊的数据类型,它不仅可以作为一个连续的范围使用 BETWEEN…AND 运算符,还可以进行加、减以及比较大小操作。例 5-7 还可以写成如下形式。

```
USE jwsystem;
SELECT  *
FROM studentinfo
WHERE sbirth > = '1999 – 1 – 1' AND sbirth < =  '1999 – 12 – 31';
```

其执行结果和图 5-9 是一样的。

3. 列表运算符的使用

【例 5-8】　查询 jwsystem 数据库的 studentinfo 表，输出学号为 200101、200106、200108 的学生的详细信息，对应的 SQL 语句如下。

```
USE jwsystem;
SELECT  *
FROM studentinfo
WHERE sno IN ('200101', '200106', '200108');
```

执行结果如图 5-10 所示。

sno	sname	sgender	sbirth	sclass
200101	王敏	女	2000-01-02	Java 2001
200106	李文赟	男	1999-01-02	Java 2001
200108	龚洁	女	1999-02-03	Java 2001

图 5-10　列表运算符使用的执行结果

4. 模式匹配运算符的使用

在指定的条件不是很明确的情况下，可以使用 LIKE 运算符与模式字符串进行匹配运算，其语法格式如下。

```
字段名 [NOT] LIKE '模式字符串'
```

参数说明如下。

（1）字段名：指明要进行匹配的字段。字段的数据类型可以是字符串类型或日期和时间类型。

（2）模式字符串：可以是一般的字符串，也可以是包含通配符的字符串。通配符的种类如表 5-2 所示。

表 5-2　通配符的种类

通　配　符	含　　义
%	匹配任意长度(0 个或多个)的字符串
_	匹配任意单个字符

通配符和字符串必须在单引号对内。例如，表达式"LIKE 'a%'"匹配以字母 a 开头的字符串；表达式"LIKE '%101'"匹配以 101 结尾的字符串；表达式"LIKE '_学%'"匹配第二个字符为"学"的字符串。

如果要查找的字符串本身就包括通配符，可以用符号"\\"将通配符转义为普通字符。例如：表达式"LIKE 'A_'"表示要匹配的字符串长度为 2，且第一个字符为 A，第二个字符为"_"。

【例 5-9】 查询 jwsystem 数据库的 studentinfo 表,输出姓"张"的学生的详细信息,对应的 SQL 语句如下。

```
SELECT *
FROM studentinfo
WHERE sname LIKE '张%';
```

执行结果如图 5-11 所示。

sno	sname	sgender	sbirth	sclass
200107	张鑫源	男	1999-01-02	Java2001
200109	张刚玉	女	1999-02-08	Java2001
200111	张凯	男	2000-01-02	Java2001
200137	张柳柳	女	2000-04-25	Java2002
200142	张忠凯	男	2000-04-25	.NET2001
200143	张仁葵	男	2000-03-25	.NET2001
200169	张晓琳	女	2000-08-20	.NET2002

图 5-11 studentinfo 表中姓"张"学生的详细信息

【例 5-10】 查询 jwsystem 数据库的 studentinfo 表,输出姓"张"且名字长度为 2 的学生的详细信息,对应的 SQL 语句如下。

```
SELECT *
FROM studentinfo
WHERE sname LIKE '张_';
```

执行结果如图 5-12 所示。

5. 空值判断运算符的使用

IS [NOT] NULL 运算符用于判断指定字段的值是否为空值。对于空值判断,不能使用比较运算符或模式匹配运算符。

【例 5-11】 查询 jwsystem 数据库的 teacher 表,输出性别为空的教师的信息,对应的 SQL 语句如下。

```
SELECT *
FROM teacher
WHERE tgender IS NULL;
```

执行结果如图 5-13 所示。

sno	sname	sgender	sbirth	sclass
200111	张凯	男	2000-01-02	Java2001
200194	张彤	女	2001-02-01	测试2001
200197	张璨	女	2000-01-02	测试2001
200201	张明	男	1998-08-05	Java2001

图 5-12 姓"张"且名字长度为 2 的学生详细信息

tno	tname	tgender	tedu	tpro
1011	李杰	(Null)	博士研究生	副教授

图 5-13 性别为空的教师的信息

6. 逻辑运算符的使用

查询条件可以是一个条件表达式,也可以是多个条件表达式的组合。逻辑运算符能够连接多个条件表达式,构成一个复杂的查询条件。逻辑运算符包括 AND(逻辑与)、OR(逻辑或)、NOT(逻辑非)。

(1) AND 连接两个条件表达式。当且仅当两个条件表达式都成立时,组合起来的条件才成立。

（2）OR 连接两个条件表达式。两个条件表达式之一成立，组合起来的条件就成立。

（3）NOT 连接一个条件表达式。对给定条件取反。

【例 5-12】 查询 jwsystem 数据库的 studentinfo 表，输出姓"李"且是 Java2001 班的学生的信息，对应的 SQL 语句如下。

```
SELECT *
FROM studentinfo
WHERE sname LIKE '李%' AND sclass = 'Java2001';
```

执行结果如图 5-14 所示。

信息	结果 1	剖析	状态	
sno	sname	sgender	sbirth	sclass
200106	李文费	男	1999-01-02	Java2001
200112	李聪	男	1999-01-02	Java2001

图 5-14 姓"李"且是 Java2001 班的学生的信息

【例 5-13】 查询 jwsystem 数据库的 studentinfo 表，输出姓"李"或者是 Java2001 班的学生的信息，对应的 SQL 语句如下。

```
SELECT *
FROM studentinfo
WHERE sname LIKE '李%' OR sclass = 'Java2001';
```

执行结果如图 5-15 所示。

注意：AND 运算符的优先级高于 OR 运算符，因此当两个运算符一起使用时，应该先处理 AND 运算符两边的条件表达式，再处理 OR 运算符两边的条件表达式。

【例 5-14】 查询 jwsystem 数据库的 studentinfo 表，输出不是 2000 年出生的学生的信息。

提示：要得到指定日期类型数据的年份，可以使用函数 YEAR()。

对应的 SQL 语句如下。

```
SELECT *
FROM studentinfo
WHERE NOT(YEAR(sbirth) = 2000);
```

执行结果如图 5-16 所示。

信息	结果 1	剖析	状态	
sno	sname	sgender	sbirth	sclass
200120	杨明	男	2001-12-08	Java2001
200121	陈娟	女	2001-12-08	Java2001
200163	李玲	女	2000-07-20	.NET2002
200176	李立志	男	2000-09-20	.NET2002
200201	张明	男	1998-08-05	Java2001

图 5-15 姓"李"或者是 Java2001 班的学生的信息

信息	结果 1	剖析	状态	
sno	sname	sgender	sbirth	sclass
200114	方涛	男	1999-02-08	Java2001
200115	彭攀	男	1999-02-08	Java2001
200116	鲁文达	男	1999-02-08	Java2001
200117	汪嫒丽	女	2001-12-08	Java2001
200118	雷洁	男	2001-12-08	Java2001

图 5-16 不是 2000 年出生的学生的信息

5.2.4 使用 ORDER BY 子句

默认情况下,查询结果是按照数据记录最初添加到数据表中的顺序排序的。这样的查询结果顺序不能满足用户的需求,所以 MySQL 提供了 ORDER BY 关键字对查询结果进行排序,其语法格式如下。

观看视频

```
SELECT [ALL|DISTINCT] 要查询的内容
FROM 表名列表
[WHERE 条件表达式]
ORDER BY 字段名[ASC|DESC] ;
```

参数说明如下。

(1) 可以规定数据行按升序排列(使用参数 ASC),也可以规定数据行按降序排列(使用参数 DESC),默认参数为 ASC。

(2) 可以在 ORDER BY 子句中指定多个字段,查询结果首先按照第一个字段的值排序,第一个字段的值相同的数据行,再按照第二个字段的值排序,以此类推。

(3) ORDER BY 子句要写在 WHERE 子句的后面。

【例 5-15】 查询 jwsystem 数据库的 elective 表,输出选修了 J001 号课程的学生信息,并将查询结果按成绩的降序排序,对应的 SQL 语句如下。

```
SELECT *
FROM elective
WHERE cno = 'J001'
ORDER BY score DESC;
```

执行结果如图 5-17 所示。

信息	结果 1	剖析	状态

sno	cno	score
▶ 200132	J001	100
200158	J001	99
200141	J001	98
200145	J001	97
200144	J001	97
200107	J001	96

图 5-17　J001 号课程按成绩降序排序

MySQL 中可以按照多个字段值的顺序对查询结果进行排序,字段之间须用逗号隔开。首先按照第一个字段的值排序,当字段值相同时,再按照第二个字段的值排序,以此类推。并且,每个字段都可以指定按照升序或者降序排序。例如,在 studentinfo 表中,将学生信息按学号升序和出生日期降序排序,SQL 语句如下。

```
SELECT *
FROM studentinfo
ORDER BY sno ASC,sbirth DESC;
```

5.2.5 使用 LIMIT 子句

当在 MySQL 中执行数据查询时，查询结果可能会包含很多数据。如果仅需要结果中的某些行数据，可以使用 LIMIT 关键字实现，其语法格式如下。

观看视频

```
SELECT [ALL|DISTINCT] 要查询的内容
FROM 表名列表
[WHERE 条件表达式]
[ORDER BY 字段名 [ASC|DESC]]
LIMIT [OFFSET,] n;
```

LIMIT 子句接受一个或两个整数参数。其中 OFFSET 代表从第几行记录开始检索，n 代表检索多少行记录。需要注意的是，OFFSET 可以省略不写，默认取值为 0，代表从第一行记录开始检索。

【例 5-16】 查询 jwsystem 数据库的 studentinfo 表，输出前 3 条学生记录的信息，对应的 SQL 语句如下。

```
SELECT *
FROM studentinfo
LIMIT 3;
```

执行结果如图 5-18 所示。

【例 5-17】 查询 jwsystem 数据库的 studentinfo 表，输出表中第 5 行学生记录的信息，对应的 SQL 语句如下。

```
SELECT *
FROM studentinfo
LIMIT 4,1;
```

执行结果如图 5-19 所示。

信息	结果 1	剖析	状态		
sno	sname	sgender	sbirth	sclass	
▶ 200101	王敏	女	2000-01-02	Java2001	
200102	莫政辉	男	2000-01-02	Java2001	
200103	陈莎	女	2000-01-02	Java2001	

图 5-18 输出前 3 条学生记录的信息

信息	结果 1	剖析	状态	
sno	sname	sgender	sbirth	sclass
▶ 200105	朱杰礼	男	2000-01-02	Java2001

图 5-19 输出表中第 5 行学生记录的信息

5.3 统计查询

MySQL 提供了一些对数据进行分析的统计函数，因为有时我们需要的并不是某些具体数据，而是对数据的统计分析结果。例如，统计某个班级的总人数、某个部门的平均薪资等。本节将介绍这些统计函数的作用和使用方法。

观看视频

5.3.1 集合函数

集合函数用于对查询结果集中的指定字段进行统计，并输出统计值。常用的集合函数如表 5-3 所示。

表5-3　常用的集合函数

集 合 函 数	功 能 描 述
COUNT([DISTINCTIALL]字段|*)	计算指定字段中值的个数。COUNT(*)返回满足条件的行数,包括含有空值的行,不能与DISTINCT一起使用
SUM([DISTINCTIALL]字段)	计算指定字段中数据的总和(此字段为数值类型)
AVG([DISTINCTIALL]字段)	计算指定字段中数据的平均值(此字段为数值类型)
MAX([DISTINCTIALL]字段)	计算指定字段中数据的最大值
MIN([DISTINCTIALL]字段)	计算指定字段中数据的最小值

表5-3中,ALL为默认选项,表示计算所有的值;DISTINCT选项则表示去掉重复值后再计算。

【例5-18】　查询jwsystem数据库的studentinfo表,统计学生总人数。

提示:统计学生总人数就是统计学生表中的数据的行数。

对应的SQL语句如下:

```
SELECT COUNT(*) AS 学生总人数
FROM studentinfo;
```

执行结果如图5-20所示。

【例5-19】　查询jwsystem数据库的elective表,统计选修了J001号课程的学生人数、总成绩、平均分、最高分和最低分,对应的SQL语句如下。

```
SELECT COUNT(*) AS 学生人数,SUM(score) AS 总成绩,
AVG(score) 平均分,MAX(score) 最高分,MIN(score) 最低分
FROM elective
WHERE cno = 'J001';
```

执行结果如图5-21所示。

信息	结果1	剖析	状态

学生总人数
100

图5-20　统计学生总人数

信息	结果1	剖析	状态

学生人数	总成绩	平均分	最高分	最低分
99	7475	75.5051	100	50

图5-21　J001号课程的学生人数、总成绩、
平均分、最高分和最低分

5.3.2　分组数据查询

在对表中数据进行统计时,可能需要按照一定的类别进行统计,例如,统计每一类书籍的在库总册数。这时首先需要对书籍按类别进行分组,然后统计每一组书籍的在库册数总和。在MySQL中,通过关键字GROUP BY按照某个字段或者多个字段的值对数据进行分组,字段值相同的数据记录为一组,其语法格式如下。

```
SELECT [ALL|DISTINCT] 要查询的内容
FROM 表名列表
[WHERE 条件表达式]
GROUP BY 字段名列表 [HAVING 条件表达式];
```

注意:使用GROUP BY子句进行分组统计时,SELECT子句要查询的字段只能是以

观看视频

116 MySQL数据库设计与应用（第2版·微课视频版）

下两种情况。

（1）字段应用了集合函数。

（2）未应用集合函数的字段必须包含在 GROUP BY 子句中。

1.字段分组查询

如果 GROUP BY 关键字后只有一个字段，则数据将按该字段的值进行分组，具体示例如下。

【例 5-20】 查询 studentinfo 表，分别统计男女生人数，对应的 SQL 语句如下。

```
SELECT sgender,COUNT( * ) AS 人数
FROM studentinfo
GROUP BY sgender;
```

执行结果如图 5-22 所示。

【例 5-21】 查询 elective 表，统计并输出每名学生所选课程数目及平均分，对应的 SQL 语句如下。

```
SELECT sno,COUNT(cno) AS 选修课程数目,AVG(score) AS 平均分
FROM elective
GROUP BY sno;
```

执行结果如图 5-23 所示。

sgender	人数
女	37
男	63

图 5-22 分别统计男女生人数

sno	选修课程数目	平均分
200101	3	85.3333
200102	3	62.3333
200103	3	66.6667
200104	3	75.3333
200105	3	68.3333

图 5-23 统计每名学生所选课程数目及平均分

【例 5-22】 查询 elective 表，统计并输出每门课程的选课人数、最高分、最低分和平均分，对应的 SQL 语句如下。

```
SELECT cno, COUNT(sno) AS 选课人数,MAX(score) AS 最高分,
MIN(score) AS 最低分,AVG(score) 平均分
FROM elective
GROUP BY cno;
```

执行结果如图 5-24 所示。

cno	选课人数	最高分	最低分	平均分
J001	99	100	50	75.5051
Z001	40	99	51	70.2500
Z002	41	99	51	70.0732
Z003	58	100	52	77.7069
Z004	59	96	51	73.9153

图 5-24 每门课程的选课人数、最高分、最低分和平均分

使用 GROUP BY 关键字还可以对多个字段按层次进行分组。首先按第一个字段分组,然后在第一个字段值相同的每个分组中再根据第二个字段值进行分组。

2. HAVING 子句限定分组查询

HAVING 关键字和 WHERE 关键字都用于设置条件表达式,两者的区别在于,HAVING 关键字后可以有集合函数,而 WHERE 关键字不能。WHERE 子句的作用是在对查询结果进行分组前,将不符合 WHERE 条件子句的行去掉,即在分组之前过滤数据。HAVING 子句的作用是筛选满足条件的组,即在分组之后过滤数据。

注意:HAVING 子句常和 GROUP BY 子句配合使用。HAVING 子句用于对分组后的结果进行条件筛选,HAVING 子句只能出现在 GROUP BY 子句后。

当一条语句中同时出现了 WHERE 子句、GROUP BY 子句和 HAVING 子句时,执行顺序如下。

(1) 执行 WHERE 子句,从数据表中选取满足条件的数据行。

(2) 由 GROUP BY 子句对选取的数据行进行分组。

(3) 执行集合函数。

(4) 执行 HAVING 子句,选取满足条件的分组。

【例 5-23】 查询 elective 表中每门课成绩都在 70～90 分的学生的学号,对应的 SQL 语句如下。

```
SELECT sno AS 每门课成绩都在 70～90 分的学生
FROM elective
GROUP BY sno
HAVING MIN(score)>= 70 AND MAX(score)<= 90;
```

执行结果如图 5-25 所示。

【例 5-24】 查询至少选修了三门课程的学生的学号,对应的 SQL 语句如下。

```
SELECT sno,count( * ) 选修课程数
FROM elective
GROUP BY sno
HAVING count( * )>= 3;
```

执行结果如图 5-26 所示。

信息	结果 1	剖析	状态
每门课成绩都在70～90分的学生			
200104			
200148			
▶ 200168			
200173			
200183			

信息	结果 1	剖析	状态
sno	选修课程数		
▶ 200101	3		
200102	3		
200103	3		
200104	3		
200105	3		

图 5-25 每门课成绩都在 70～90 分的学生的学号　　图 5-26 至少选修了三门课程的学生的学号

5.4 多表查询

在实际查询中,很多情况下用户需要的数据并不全在一张表中,而是存在于多张不同的表中,这时就要使用多表查询。多表查询是通过各张表之间的共同列的相关性来查询数据

的。多表查询首先要在这些表中建立连接，再在连接生成的结果集基础上进行筛选。

多表查询的语法格式如下。

```
SELECT [表名.]目标字段表达式[AS 别名],…
FROM 左表名[AS 别名] 连接类型 右表名[AS 别名]
ON 连接条件
[WHERE 条件表达式];
```

其中，连接类型以及运算符有以下几种。

(1) CROSS JOIN：交叉连接。

(2) INNER JOIN 或 JOIN：内连接。

(3) LEFT JOIN 或 LEFT OUTER JOIN：左外连接。

(4) RIGHT JOIN 或 RIGHT OUTER JOIN：右外连接。

(5) FULL JOIN 或 FULL OUTER JOIN：完全连接。

观看视频

5.4.1　交叉连接

交叉连接就是将要连接的两张表的所有行进行组合，也就是将第一张表的所有行分别与第二张表的每个行连接形成一个新的行。连接后生成的结果集的行数等于两张表的行数的乘积，字段个数等于两张表的字段个数的和，其语法格式如下。

```
SELECT 字段名列表
FROM 表名 1 CROSS JOIN 表名 2;
```

图 5-27 中的表 R 和表 S 进行交叉连接的结果集如图 5-28 所示。

R		
A	B	C
1	2	3
4	5	6

S	
A	D
1	2
3	4
5	6

R CROSS JOIN S				
A	B	C	A	D
1	2	3	1	2
1	2	3	3	4
1	2	3	5	6
4	5	6	1	2
4	5	6	3	4
4	5	6	5	6

图 5-27　示例表 R 和表 S 的数据　　　　图 5-28　表 R 和表 S 交叉连接的结果集

注意：交叉连接的结果集称为笛卡儿积，笛卡儿积在实际应用中一般是没有任何意义的。

【例 5-25】　对 course 表和 teacher 表进行交叉连接，观察交叉连接后的结果集，对应的 SQL 语句如下。

```
SELECT *
FROM course CROSS JOIN teacher;
```

执行结果如图 5-29 所示。

course 表是 5 行 5 列的表，teacher 表是 13 行 5 列的表。这两张表进行交叉连接形成的就是 65 行 10 列的表。但可以看出来，这张表是没有实际意义的。

cno	cname	cperiod	credit	ctno	tno	tname	tgender	tedu	tpro
▶ Z004	数据结构	64	4.0	1010	1001	杜倩颖	女	本科	讲师
Z003	数据库	64	4.0	1008	1001	杜倩颖	女	本科	讲师
Z002	C#程序设计	84	6.0	1009	1001	杜倩颖	女	本科	讲师
Z001	Java程序设计	84	6.0	1002	1001	杜倩颖	女	本科	讲师
J001	公共英语	36	2.0	1001	1001	杜倩颖	女	本科	讲师
Z004	数据结构	64	4.0	1010	1002	赵复前	男	本科	讲师
Z003	数据库	64	4.0	1008	1002	赵复前	男	本科	讲师
Z002	C#程序设计	84	6.0	1009	1002	赵复前	男	本科	讲师
Z001	Java程序设计	84	6.0	1002	1002	赵复前	男	本科	讲师
J001	公共英语	36	2.0	1001	1002	赵复前	男	本科	讲师
Z004	数据结构	64	4.0	1010	1003	胡祥	男	硕士研究生	副教授

图 5-29　course 表和 teacher 表进行交叉连接

5.4.2　内连接

内连接又称简单连接或自然连接,是一种常见的关系运算。内连接使用条件运算符对两张表中的数据进行比较,并将符合连接条件的数据记录组合成新的数据记录。

内连接有以下两种语法格式。

```
SELECT 字段名列表
FROM 表名 1 [INNER] JOIN 表名 2
ON 表名 1.字段名 比较运算符 表名 2.字段名;
```

或者

```
SELECT 字段名列表
FROM 表名 1, 表名 2
WHERE 表名 1.字段名 比较运算符 表名 2.字段名;
```

内连接包括 3 种类型:等值连接、非等值连接和自然连接。

(1) 等值连接:在连接条件中使用等号(=)比较运算符来比较连接字段的值,其查询结果中包含被连接表的所有字段,包括重复字段。在等值连接中,两张表的连接条件通常采用"表 1.主键字段=表 2.外键字段"的形式。

(2) 非等值连接:在连接条件中使用了除等号之外的比较运算符(>、<、>=、<=、!=)来比较连接字段的值。

(3) 自然连接:与等值连接相同,都是在连接条件中使用比较运算符,但结果集中不包括重复字段。图 5-27 中表 R 和表 S 进行等值连接、非等值连接和自然连接的结果集如图 5-30 所示。

R JOIN S(R.A=S.A)

R.A	B	C	S.A	D
1	2	3	1	2

(等值连接)

R JOIN S(R.A>S.A)

R.A	B	C	S.A	D
4	5	6	1	2
4	5	6	3	4

(非等值连接)

R JOIN S

R.A	B	C	D
1	2	3	2

(自然连接)

图 5-30　表 R 和表 S 内连接的结果集

在上述语法格式中,如果要输出的字段是表 1 和表 2 都有的字段,则必须在输出的字段名前加上表名进行区分，用"表名.字段名"来表示。如果表名太长，可以给表名定义一个简短的别名，这样在 SELECT 语句的输出字段名和连接条件中，用到表名的地方都可以用别名来代替。

【例 5-26】 查询 jwsystem 数据库，输出考试成绩不及格学生的学号、姓名、课程号和成绩。

提示：需要输出 4 个字段作为查询结果，在 jwsystem 数据库中，没有一个表包含这 4 个字段，因此需要多表连接查询。多表连接查询首先确定需要哪几张表进行连接查询。进行连接查询的表要能够包含输出的所有字段，并且保证用到表的数量最少。进行连接的表之间要有含义相同的字段。

在本例中，在 studentinfo 表和 elective 表中有"学号"字段，在 studentinfo 表中有"姓名"字段，在 course 表和 elective 表中有"课程号"字段，在 elective 表中有"成绩"字段。由此可知，要输出指定的 4 个字段，最少需要 studentinfo 表和 elective 表。这两张表可以进行连接的共同字段为"学号"。

对应的 SQL 语句如下。

```
SELECT s.sno, sname, cno, score
FROM studentinfo AS s JOIN elective AS e ON s.sno = e.sno
WHERE score < 60;
```

或者

```
SELECT s.sno, sname, cno, score
FROM studentinfo AS s, elective AS e
WHERE s.sno = e.sno AND score < 60;
```

执行结果如图 5-31 所示。

sno	sname	cno	score
200102	董政辉	Z001	52
200103	陈莎	J001	54
200103	陈莎	Z001	58
200105	朱杰礼	Z001	57
200106	李文赞	Z001	58

图 5-31 成绩不及格学生的学号、姓名、课程号和成绩

【例 5-27】 查询 jwsystem 数据库，输出考试成绩不及格学生的学号、姓名、课程名和成绩。

提示：完成本查询需要用到 3 张表：studentinfo 表、course 表和 elective 表。这 3 张表的连接查询是通过表的两两连接来实现的。elective 表和 studentinfo 表有相同的"学号"字段，elective 表和 course 表有相同的"课程号"字段，所以 elective 表作为中间表，可以先和 studentinfo 表连接，再和 course 表连接。当然，这个连接顺序并不是固定的，elective 表也可以先和 course 表连接，再和 studentinfo 表连接。

对应的 SQL 语句如下。

```
SELECT s.sno, sname, cname, score
FROM studentinfo AS s JOIN elective AS e ON s.sno = e.sno
```

```
JOIN course AS c ON c.cno = e.cno
WHERE score < 60;
```

或者

```
SELECT s.sno, sname, cname, score
FROM studentinfo AS s, elective AS e, course AS c
WHERE s.sno = e.sno AND e.cno = c.cno AND score < 60;
```

执行结果如图 5-32 所示。

sno	sname	cname	score
200178	乐冬杰	C#程序设计	51
200200	周航	C#程序设计	51
200102	董政辉	Java程序设计	52
200103	陈莎	Java程序设计	58
200105	朱杰礼	Java程序设计	57
200106	李文赟	Java程序设计	58

图 5-32　成绩不及格学生的学号、姓名、课程名和成绩

5.4.3　外连接

内连接查询中返回的查询结果只包含符合查询条件和连接条件的数据,然而,有时还需要包含左表(左外连接)或右表(右外连接)中的所有数据,此时就需要使用外连接查询。使用外连接时,以主表中每行数据去匹配从表中的数据行,如果符合连接条件,则返回到结果集中;如果没有找到匹配的数据行,则在结果集中仍然保留主表的数据行,相对应的从表中的字段则被填上 NULL 值。

外连接的语法格式如下所示。

```
SELECT 字段名列表
FROM 表名 1 LEFT|RIGHT JOIN 表名 2
ON 表名 1.字段名 比较运算符 表名 2.字段名;
```

外连接包括 3 种类型:左外连接、右外连接和全外连接。

(1) 左外连接:即左表为主表,连接关键字为 LEFT JOIN。将左表中的所有数据行与右表中的每行按连接条件进行匹配,结果集中包括左表中所有的数据行。左表中与右表没有相匹配记录的行,在结果集中对应的右表字段都以 NULL 来填充。BIT 类型不允许为NULL,就以 0 填充。

(2) 右外连接:即右表为主表,连接关键字为 RIGHT JOIN。将右表中的所有数据行与左表中的每行按连接条件进行匹配,结果集中包括右表中所有的数据行。右表中与左表没有相匹配记录的行,在结果集中对应的左表字段都以 NULL 来填充。

(3) 全外连接:连接关键字为 FULL JOIN。查询结果集中包括两个连接表的所有的数据行,若左表中每一行在右表中有匹配数据,则结果集中对应的右表的字段填入相应数据,否则填充为 NULL;若右表中某一行在左表中没有匹配数据,则结果集对应的左表字段填充为 NULL。

图 5-27 中表 R 和表 S 进行外连接的结果集如图 5-33 所示。

R LEFT JOIN S(R.A=S.A)				
R.A	B	C	S.A	D
1	2	3	1	2
4	5	6	NULL	NULL

R FULL JOIN S(R.A=S.A)				
R.A	B	C	S.A	D
1	2	3	1	2
NULL	NULL	NULL	3	4
NULL	NULL	NULL	5	6

R RIGHT JOIN S(R.A=S.A)				
R.A	B	C	S.A	D
1	2	3	1	2
4	5	6	NULL	NULL
NULL	NULL	NULL	3	4
NULL	NULL	NULL	3	6

图 5-33　表 R 和表 S 外连接的结果集

注意：外连接查询只适用于两张表。

【例 5-28】　查询 jwsystem 数据库，输出所有教师教授的课程信息，没有教授课程的教师也要列出。

提示：要输出所有教师的授课信息，说明需要 teacher 表和 course 表。没有授课的教师也要列出，说明 teacher 表是主表。

对应的 SQL 语句如下。

```
SELECT *
FROM teacher AS t LEFT JOIN course AS c ON t.tno = c.ctno;
```

执行结果如图 5-34 所示。

信息	结果 1	剖析	状态						
tno	tname	tgender	tedu	tpro	cno	cname	cperiod	credit	ctno
1008	黄阳	男	博士研究生	讲师	Z003	数据库	64	4.0	1008
1009	胡冬	男	博士研究生	讲师	Z002	C#程序设计	84	6.0	1009
1010	许杰	男	博士研究生	教授	Z004	数据结构	64	4.0	1010
1011	李杰	(Null)	博士研究生	副教授	(Null)	(Null)	(Null)	(Null)	(Null)
1012	李连杰	男	硕士研究生	讲师	(Null)	(Null)	(Null)	(Null)	(Null)

图 5-34　教师教授的课程信息

观看视频

5.4.4　自连接

自连接就是一张表的两个副本之间的内连接，即同一个表名在 FROM 子句中出现两次，故为了区别，必须对表指定不同的别名，字段名前也要加上表的别名进行限定。

【例 5-29】　查询和学号为 200102 的学生在同一个班级的学生的学号和姓名，对应的 SQL 语句如下。

```
SELECT s2.sno,s2.sname
FROM studentinfo AS s1 JOIN studentinfo AS s2
ON s1.sclass = s2.sclass
WHERE s1.sno = '200102' AND s2.sno!= '200102';
```

执行结果如图 5-35 所示。

信息	结果 1	剖析	状态	
sno		sname		
200101		王敏		
200103		陈莎		
200104		汪一娟		

图 5-35　与学号为 200102 的学生在同一个班级的学生的学号和姓名

5.5　子查询

　　子查询指一条查询语句嵌套在另一条查询语句内部的查询,即在一条 SELECT 查询语句的 WHERE 或 FROM 子句中包含另一条 SELECT 查询语句。其中,外层 SELECT 查询语句称为主查询,WHERE 或 FROM 子句中的 SELECT 查询语句被称为子查询。执行查询语句时,首先会执行子查询中的语句,然后将查询结果作为外层查询的过滤条件。子查询中常用的操作符有 ANY(SOME)、ALL、IN、EXISTS。本节将详细介绍如何在 SELECT 语句中嵌套子查询。

观看视频

5.5.1　带比较运算符的子查询

　　子查询可以使用比较运算符,这些运算符包括=、!=、>、<、>=、<=和<>,其中!=和<>是等价的。比较运算符在子查询中应用非常广泛,下面用具体示例说明子查询中比较运算符的使用方法。

　　【例 5-30】　查询 jwsystem 数据库,输出选修了"数据库"这门课的所有学生的学号和成绩。

　　提示:先用子查询查找出"数据库"这门课的课程号,再用父查询查找出课程号等于子查询找到的课程号的那些数据行,输出其学号和成绩。

　　对应的 SQL 语句如下。

```
SELECT sno,score AS 数据库的成绩
FROM elective
WHERE cno = (SELECT cno FROM course WHERE cname = '数据库');
```

　　执行结果如图 5-36 所示。

　　【例 5-31】　查询 jwsystem 数据库,输出年龄最大的学生的姓名。

　　提示:在 jwsystem 数据库的"学生"表中,只有学生的"出生日期"字段。要查找年龄最大的学生信息,先用子查询查找"出生日期"最小值,再用外查询查找出"出生日期"等于子查询找到的"出生日期"的数据行,并输出"姓名"字段。

　　对应的 SQL 语句如下。

```
SELECT sname AS 年龄最大的学生
FROM studentinfo
WHERE sbirth = (SELECT MIN(sbirth) FROM studentinfo);
```

　　执行结果如图 5-37 所示。

图 5-36　例 5-30 的执行结果

图 5-37　年龄最大的学生的姓名

　　【例 5-32】　查询 jwsystem 数据库,输出"数据库"这门课不及格的学生的姓名。

提示：先用子查询从"课程"表中查找出"数据库"这门课的课程号，再用外查询从"成绩"表中查找出课程号等于子查询找到的课程号且成绩小于 60 分的数据行，得到这个数据行的学号值，再用外查询从"学生"表中查找学号等于子查询找到的那个学号的学生的姓名。

对应的 SQL 语句如下。

```
SELECT sname AS 数据库不及格的学生
FROM studentinfo
WHERE sno = (SELECT sno FROM elective WHERE score < 60 AND cno = (SELECT cno FROM course WHERE
cname = '数据库'));
```

执行结果如图 5-38 所示。

图 5-38　"数据库"这门课不及格的学生姓名

注意：例 5-32 用到了子查询的多层嵌套。外层查询和子查询用比较运算符连接，这就要求每一层子查询得到的值最多只能有一个，也就是说最多只能有一名学生的"数据库"课成绩不及格。如果有两名或两名以上学生的"数据库"课成绩不及格，这个查询就要出错。

在实际情况中，不止一名学生在同一门课上成绩不及格的情况是普遍存在的。假如有多名学生的"数据库"课成绩不及格，该怎么书写 SQL 语句？对于子查询可能返回给主查询多个数值的情况，就要在主查询和子查询之间使用谓词 IN 或 NOT IN 进行连接。

观看视频

5.5.2　IN 子查询

当主查询的条件是子查询的查询结果时，就可以通过 IN 关键字进行判断。相反，如果主查询的条件不是子查询的查询结果时，就可以通过 NOT IN 关键字实现。下面通过一个具体示例加以说明。

【例 5-33】　查询 jwsystem 数据库，输出考试不及格的学生的姓名。

提示：先用子查询在"选课"表中查找出成绩小于 60 分的学生的学号，查找到的学号可能是多个，是一个集合。再用主查询从"学生"表中查找出学号等于子查询找到的某个学号的学生的姓名。

对应的 SQL 语句如下。

```
SELECT sname AS 考试不及格的学生
FROM studentinfo
WHERE sno IN (SELECT sno FROM elective WHERE score < 60);
```

执行结果如图 5-39 所示。

注意：如果例 5-33 改为要查询考试成绩全及格的学生的姓名，可把 IN 改为 NOT IN。

对应的 SQL 语句如下。

```
SELECT sname AS 考试全及格的学生
FROM studentinfo
WHERE sno NOT IN (SELECT sno FROM elective WHERE score < 60);
```

执行结果如图 5-40 所示。

| 图 5-39 | 考试不及格的学生的姓名 | 图 5-40 | 使用 NOT IN 实现查询考试成绩
全及格的学生的姓名 |

5.5.3 批量比较子查询

观看视频

批量比较子查询指子查询的结果不止一个,主查询和子查询之间需要用比较运算符进行连接。这时就需要在子查询前面加上谓词 ALL 或 ANY。

1. 使用 ANY 谓词

ANY 关键字表示主查询需要满足子查询结果的任一条件。使用 ANY 关键字时,只要满足子查询结果中的任意一条,就可以通过该条件执行外层查询语句。ANY 关键字通常与比较运算符一起使用,> ANY 表示大于子查询结果记录中的最小值; = ANY 表示等于子查询结果记录中的任何一个值; < ANY 表示小于子查询结果记录中的最大值。

【例 5-34】 查询 jwsystem 数据库,输出需要补考的学生姓名,对应的 SQL 语句如下。

```
SELECT sname AS 补考学生
FROM studentinfo
WHERE sno = ANY(SELECT sno FROM elective WHERE score < 60);
```

执行结果如图 5-41 所示。

2. 使用 ALL 谓词

ALL 关键字表示主查询需要满足所有子查询结果的所有条件。使用 ALL 关键字时,只有满足子查询语句返回的所有结果,才能执行外层查询语句。该关键字通常有两种使用方式:一种是> ALL,表示大于子查询结果记录中的最大值;另一种是< ALL,表示小于子查询结果记录中的最小值。

【例 5-35】 查询 jwsystem 数据库,输出不需要补考的学生的姓名,对应的 SQL 语句如下。

```
SELECT sname AS 不需补考的学生
FROM studentinfo
WHERE sno != ALL(SELECT sno FROM elective WHERE score < 60);
```

执行结果如图 5-42 所示。

| 图 5-41 | 需要补考的学生姓名 | 图 5-42 | 不需要补考的学生的姓名 |

5.5.4 EXISTS 子查询

观看视频

EXISTS 关键字返回一个布尔类型的结果。如果子查询结果至少能够返回一行记录，则 EXISTS 的结果为 true，此时主查询语句将被执行；反之，如果子查询结果没有返回任何一行记录，则 EXISTS 的结果为 false，此时主查询语句将不被执行。下面用一个具体示例说明 EXISTS 的使用方法。

【例 5-36】 查看 jwsystem 数据库的 teacher 表，若不存在具有教授职称的教师，则显示所有教师的姓名和职称，对应的 SQL 语句如下。

```
SELECT tname,tpro
FROM teacher
WHERE NOT EXISTS (SELECT * FROM teacher WHERE tpro = '教授');
```

执行结果如图 5-43 所示。

【例 5-37】 查询 jwsystem 数据库的 elective 表，如果有需要补考的，就显示所有学生的成绩信息。如果没有需要补考的，就不输出任何信息，对应的 SQL 语句如下。

```
SELECT *
FROM elective
WHERE EXISTS (SELECT * FROM elective WHERE score < 60);
```

执行结果如图 5-44 所示。

图 5-43 NOT EXISTS 子查询的执行结果

图 5-44 EXISTS 子查询的执行结果

NOT EXISTS 与 EXISTS 的作用相反，如果子查询至少返回一行记录，则 NOT EXISTS 的结果为 false，此时主查询语句将不被执行。反之，如果子查询不返回任何记录，则 NOT EXISTS 的结果为 true，此时主查询将被执行。

注意：子查询和连接查询在很多情况下可以互换。

（1）对于例 5-29 查询和学号为 200102 的学生在同一个班级的学生学号和姓名的问题，可以用子查询来实现，对应的 SQL 语句如下。

```
SELECT sno,sname
FROM studentinfo
WHERE sno!= '200102' AND sclass = (SELECT sclass FROM studentinfo
WHERE sno = '200102');
```

（2）对于例 5-34 查询 jwsystem 数据库，输出需要补考的学生姓名的问题，也可以用连接查询来实现，对应的 SQL 语句如下。

```
SELECT sname
FROM studentinfo AS s JOIN elective AS e ON s.sno = e.sno
WHERE score < 60;
```

至于什么时候使用连接查询,什么时候使用子查询,可以参考以下原则。

(1)当查询语句要输出的字段来自多张表时,用连接查询。

(2)当查询语句要输出的字段来自一张表,但其 WHERE 子句涉及另一个表时,常用子查询。

(3)当查询语句要输出的字段和 WHERE 子句都只涉及一张表,但是 WHERE 子句的查询条件涉及应用集合函数进行数值比较时,一般用子查询。

5.5.5　在增、删、改语句中使用子查询

1. 在 INSERT 语句中使用子查询

使用 INSERT…SELECT 语句可以将 SELECT 语句的查询结果添加到表中,一次可以添加多行,语法格式如下。

```
INSERT 表1[(字段名列表1)]
SELECT 字段名列表2 FROM 表2 [WHERE 条件表达式]
```

注意:使用本语句时,表1已经存在,且"字段名列表1"中字段的个数、字段的顺序、字段的数据类型必须和"字段名列表2"中对应的字段信息一样或兼容。

【例 5-38】 建立一个 Java 编程方向学生的信息表 studs,表里有学号、姓名、所在班级等字段,把 jwsystem 数据库中的 studentinfo 表中查询到的 Java 编程方向的学生的相关信息添加到本表中。

(1)建立 studs 表。

对应的 SQL 语句如下。

```
CREATE TABLE studs
(
    sno CHAR(8),
    sname VARCHAR(10),
    sclass VARCHAR(20)
);
```

执行结果如图 5-45 所示。

图 5-45　建立 studs 表的执行结果

(2)将 studentinfo 表中 Java 编程方向的学生信息插入 studs 表中。

对应的 SQL 语句如下。

```
INSERT INTO studs(sno,sname,sclass)
SELECT sno,sname,sclass FROM studentinfo WHERE sclass LIKE 'Java%';
```

执行结果如图 5-46 所示。

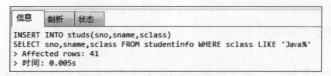

```
信息  剖析  状态
INSERT INTO studs(sno,sname,sclass)
SELECT sno,sname,sclass FROM studentinfo WHERE sclass LIKE 'Java%'
> Affected rows: 41
> 时间: 0.005s
```

图 5-46　插入数据的执行结果

（3）查询 studs 表中的数据。

对应的 SQL 语句如下。

```
SELECT * FROM studs;
```

执行结果如图 5-47 所示。

| 信息 | 结果 1 | 剖析 | 状态 |

sno	sname	sclass
200101	王敏	Java2001
200102	董政辉	Java2001
200103	陈莎	Java2001

图 5-47　查询数据的执行结果

2. 在 UPDATE 语句中使用子查询

使用 UPDATE 语句时，可以在 WHERE 子句中使用子查询。

【例 5-39】　修改 jwsystem 数据库的 course 表，把职称为"副教授"的老师教授课程的学时减少 6 个，对应的 SQL 语句如下。

```
UPDATE course SET cperiod = cperiod − 6
WHERE ctno IN (SELECT tno FROM teacher WHERE tpro = '副教授');
```

执行结果如图 5-48 所示。

```
信息  剖析  状态
UPDATE course SET cperiod=cperiod-6
WHERE ctno IN (SELECT tno FROM teacher WHERE tpro='副教授')
> Affected rows: 1
> 时间: 0.004s
```

图 5-48　在 UPDATE 语句中使用子查询的执行结果

3. 在 DELETE 语句中使用子查询

使用 DELETE 语句时，可以在 WHERE 子句中使用子查询。

【例 5-40】　将 elective 表中李聪的选课信息删除，对应的 SQL 语句如下。

```
DELETE FROM elective
WHERE sno = (SELECT sno FROM studentinfo WHERE sname = '李聪');
```

执行结果如图 5-49 所示。

```
信息  剖析  状态
DELETE FROM elective
WHERE sno=(SELECT sno FROM studentinfo WHERE sname='李聪')
> Affected rows: 3
> 时间: 0.01s
```

图 5-49　在 DELETE 语句中使用子查询的执行结果

5.6 合并查询结果

合并查询结果是将多条 SELECT 语句的查询结果合并到一起组合成单个结果集。进行合并操作时,两个结果集对应的列数和数据类型必须相同。每条 SELECT 语句之间使用 UNION 或 UNION ALL 关键字分隔。使用 UNION 时,需要注意以下几点。

(1)所有 SELECT 语句中的字段个数必须相同。

(2)所有 SELECT 语句中对应的字段的数据类型必须相同或兼容。

(3)合并后的结果集中的字段名是第一个 SELECT 语句中各字段的字段名。如果要为返回的字段指定别名,则必须在第一条 SELECT 语句中指定。

(4)使用 UNION 运算符合并结果集时,每一条 SELECT 语句本身不能包含 ORDER BY 子句,只能在最后使用一条 ORDER BY 子句对整个结果集进行排序,且在该 ORDER BY 子句中必须使用第一条 SELECT 语句中的字段名。

【例 5-41】 对 jwsystem 数据库进行查询,输出所有学生和教师的编号和姓名,对应的 SQL 语句如下。

```
SELECT sno AS 编号,sname AS 姓名 FROM studentinfo
UNION
SELECT tno AS 编号,tname AS 姓名 FROM teacher;
```

执行结果如图 5-50 所示。

| 信息 | 结果 1 | 剖析 | 状态 |

编号	姓名
200199	苗海霞
200200	周航
200201	张明
1001	杜倩颖
1002	赵复前

图 5-50 输出所有学生和教师的编号和姓名

单元小结

本单元主要介绍了 MySQL 软件对数据表进行查询的操作,具体包括单表查询、使用统计函数查询、分组查询、连接查询、子查询和合并查询结果等。本单元对单表查询,详细讲解了简单数据查询操作,使用 DISTINCT 关键字去除重复查询记录,限制查询结果数量,使用 ORDER BY 关键字对查询结果排序以及对条件数据查询;对使用统计函数查询,详细介绍了统计函数的作用和带统计功能的查询;对于分组查询,详细介绍了单字段分组查询和多字段分组查询,以及带 HAVING 子句限定的分组查询;对连接查询,详细介绍了内连接和外连接查询;对子查询,详细介绍了带关键字 IN、EXISTS、ANY、ALL 关键字,以及带比较运算符的子查询。最后,本单元详细介绍了如何使用关键字 UNION 合并多个查询结果。通过本单元的学习,读者能掌握各类数据查询的方法。

单元实训项目

项目一：在"网上书店"数据库中进行简单查询

目的：

掌握 SELECT 语句中 DISTINCT 子句、LIMIT 子句、WHERE 子句以及 ORDER BY 子句的使用。

内容：

(1) 查询会员表，输出积分高于 500 分的会员昵称和联系电话。

(2) 查询会员表，输出积分低于 200 分的会员昵称和联系电话，分别用英文 username、telephone 指定别名。

(3) 查询会员表，输出 E-mail 是 QQ 邮箱的会员昵称及其 E-mail。

(4) 查询订购表，输出订购日期是 2016 年 10 月的订单的详细信息。

(5) 查询订购表，输出订货的会员编号，要求删除重复行。

(6) 查询图书表，输出图书的名称和价格，并把查询结果按价格降序排列。

(7) 查询图书表，输出价格最高的三种图书的名称和价格。

项目二：在"网上书店"数据库查询中使用集合函数

目的：

掌握集合函数、GROUP BY 子句、HAVING 子句。

内容：

(1) 查询图书表，输出所有图书的最高价格、最低价格、平均价格。

(2) 查询图书表，输出每一类图书的数量。

(3) 查询图书表，输出每一类图书的最高价格、最低价格、平均价格。

(4) 查询订购表，输出订购数量超过 3 本的会员编号和订购数量。

项目三：在"网上书店"数据库查询中使用连接查询和子查询

目的：

掌握连接查询和子查询。

内容：

(1) 输出所有图书的图书名称、价格以及所属类别名称。

(2) 输出订购了《平凡的世界》的会员昵称、联系电话和订购数量。

(3) 输出订购了图书的会员昵称和联系电话。

(4) 输出无人订购的图书名称和价格。

(5) 输出详细订购信息，包括订购图书的会员昵称、联系电话、所订图书名称、数量、价格和折扣价。

单元练习题

一、选择题

1. 数据查询语句 SELECT 由多条子句构成,(　　)子句能够将查询结果按照指定字段的值进行分组。

  A. ORDER BY   B. LIMIT

  C. GROUP BY   D. DISTINCT

2. WHERE 子句用于指定(　　)。

  A. 查询结果的分组条件   B. 查询结果的统计方式

  C. 查询结果的排序条件   D. 查询结果的搜索条件

3. 要在"网上书店"数据库的"图书"表中查找图书名称包含"中国"两字的图书信息,可使用(　　)。

  A. SELECT * FROM 图书 WHERE 图书名称 LIKE'中国%'

  B. SELECT * FROM 图书 WHERE 图书名称 LIKE'%中国%'

  C. SELECT * FROM 图书 WHERE 图书名称 LIKE'%中国'

  D. SELECT * FROM 图书 WHERE 图书名称 LIKE'_中国%'

4. 在子查询语句中,下面子句(　　)用于将查询结果存储在另一张表中。

  A. GROUP BY   B. INSERT

  C. WHERE   D. DISTINCT

5. 集合函数(　　)可对指定字段求平均值。

  A. SUM   B. AVG   C. MIN   D. MAX

6. 对于"网上书店"数据库,以下 SELECT 语句的含义是(　　)。

```
SELECT 会员昵称 FROM 会员
WHERE 会员编号 NOT IN(SELECT 会员编号 FROM 订购)
```

  A. 查询输出没有订购图书的会员昵称

  B. 查询输出订购图书的会员昵称

  C. 查询输出所有会员昵称

  D. 查询输出没有编号的会员昵称

7. 子查询的结果不止一个值时,可以使用的运算符是(　　)。

  A. IN   B. LIKE   C. =   D. >

8. EXISTS 子查询的返回值是(　　)。

  A. 数值类型   B. 字符串类型

  C. 日期和时间类型   D. 逻辑类型

9. 执行以下 SQL 语句:

```
SELECT 学号,姓名 FROM 学生 LIMIT 2,2;
```

查询结果(　　)。

  A. 返回了两行数据,分别是第 1 行和第 2 行数据

　　B. 返回了两行数据，分别是第 2 行和第 3 行数据

　　C. 返回了两行数据，分别是第 3 行和第 4 行数据

　　D. 返回了两行数据，分别是第 4 行和第 5 行数据

10. 输出 jwsystem 数据库中学生的成绩，在输出时把每名学生每门课程的成绩都提高 10%，使用的 SQL 语句是(　　　　)。

　　A. SELECT sno,cno,score * 10 FROM elective

　　B. SELECT sno,cno,score+10 FROM elective

　　C. SELECT sno,cno,score * 0.1 FROM elective

　　D. SELECT sno,cno,score * 1.1 FROM elective

二、判断题

1. 在 MySQL 中，目前查询表中的记录只能使用 SELECT 语句。　　　　　　　(　　)

2. 使用 GROUP BY 实现分组时，可以指定多个分组字段进行分组，当多个字段取值都相同时就认为是同一组。　　　　　　　　　　　　　　　　　　　　　　(　　)

3. SELECT 语句中可以使用关键字 AS 指定表名的别名或字段的别名，关键字 AS 也可以省略不写。　　　　　　　　　　　　　　　　　　　　　　　　　　　(　　)

4. 在字段进行升序排列时，如果某条记录的字段值为 NULL，则这条记录会在最后一条显示。　　　　　　　　　　　　　　　　　　　　　　　　　　　　　(　　)

三、简答题

1. 简述 MySQL 中通配的类型以及它们各自的作用。

2. 简述 HAVING 关键字和 WHERE 关键字的区别(至少写两点)。

3. 现有一张表 score 记录所有学生数学和英语的成绩，表中字段有学号、姓名、学科和分数。要求如下：

(1) 查询姓名为张三的学生成绩。

(2) 查询英语成绩大于 90 分的同学。

(3) 查询总分大于 180 分的所有同学的学号。

单元6

索引和视图

在线答题

拓展阅读

在关系数据库中,视图和索引主要起到辅助查询和组织数据的功能,通过使用它们,可以大大提高查询数据的效率。视图和索引的主要区别是:视图将查询语句压缩,将大部分查询语句放在服务器端,而客户端只需要输入要查询的信息,不用写出大量的查询代码;而索引的作用类似于目录,使得查询更快速、更高效,适用于访问大型数据库。

本单元主要学习目标如下:

- 理解索引的概念和作用。
- 理解视图的概念和作用。
- 熟练掌握创建和管理索引的 SQL 语句的语法。
- 熟练掌握创建和管理视图的 SQL 语句的语法。
- 能使用图形管理工具和命令方式实现索引的创建、修改和删除操作。
- 能使用图形管理工具和命令方式实现视图的创建、修改和删除操作。

6.1 索引

数据库中的索引类似于书中的目录,表中的数据类似于书的内容。读者可以通过书的目录快速查找到某些内容所在的具体位置,同理,数据库的索引有助于快速检索数据。在关系数据库中,索引是一种可以加快数据检索的数据结构,主要用于提高性能,因为检索可以从大量的数据中迅速找到所需要的数据,不再需要检索整个数据库,从而大大提高检索的效率。

6.1.1 索引概述

观看视频

索引是一个单独的、物理的、存储在磁盘上的数据库结构,是对数据库某张表中一列或多列的值进行排序的一种结构,它包含列值的集合以及标识这些值所在数据页的逻辑指针清单。索引存放在单独的索引页面上。当进行数据检索时,系统先搜索索引页面,从中找到所需数据的指针,再直接通过指针从数据页面中读取数据。使用索引可以快速找出在某个或多个列中有一特定值的列,所有的 MySQL 列类型都可以被索引,对列使用索引是提高查询操作速度的最佳途径。

索引是在存储引擎中实现的,每种存储引擎支持的索引不一定完全相同。所有存储引擎支持每张表至少 16 个索引,总索引长度至少为 256B。MySQL 中索引的存储类型有两种:BTREE(B 树)和 HASH,具体和表的存储引擎相关。MyISAM 和 InooDB 存储引擎只支持 BTREE 索引，MEMORY/HEFP 存储引擎则可以支持 HASH 和 BTREE 索引。目前大部分 MySQL 索引都以 BTREE 方式存储。

BTREE 方式可构建包含多个节点的一棵树，树顶部的节点构成了索引的开始点（根），每个节点中包含有索引列的几个值，节点中的每个值又都指向另一个节点或者指向表的一行。这样，表中的每一行都会在索引中有一个对应的值，数据检索时根据索引值就可以直接找到所在的行。

如果把数据表看作一本书，则表的索引就如同书的目录一样，可以大大提高查询速度，改善数据库的性能。其具体表现如下。

（1）唯一性索引可以保证数据记录的唯一性。

（2）可以加快数据的检索速度。

（3）可以加快表与表之间的连接，这一点在实现数据的参照完整性方面有特别的意义。

（4）在使用 ORDER BY 和 GROUP BY 子句进行数据检索时，可以显著减少查询中分组和排序的时间。

（5）在检索数据的过程中使用优化隐藏器，可以提高系统性能。但是，索引带来的检索速度的提高也是有代价的，因为索引要占用存储空间，而且为了维护索引的有效性，向表中插入数据或者更新数据时，数据库还要执行额外的操作来维护索引。所以，过多的索引不一定能提高数据库的性能，必须科学地设计索引，才能提高数据库的性能。

6.1.2　索引的分类

根据索引列的内容，MySQL 的索引可以分为以下 4 类。

1）普通索引

普通索引是 MySQL 中最基本的索引类型，它允许在定义索引的列中插入重复值和空值。

2）唯一性索引和主键索引

唯一性索引和普通索引类似，区别是索引列的值必须是唯一的，但允许有空值。如果唯一性索引是组合索引，则列值的组合必须是唯一的。当给表创建 UNIQUE 约束时，MySQL 会自动创建唯一性索引。

主键索引是一种特殊的唯一性索引，不允许有空值。当给表创建 PRIMARY 约束时，MySQL 会自动创建主键索引。每张表只能有一个主键。

3）全文索引

全文索引指在定义索引的列上支持值的全文查找，允许在这些索引列中插入重复值和空值。全文索引只能在 CHAR、VARCHA 或者 TEXT 类型的列上创建，并且只能在存储引擎为 MyISAM 的表中创建。全文索引非常适合大型数据集，对于小型数据集，它的用处比较小。

4）空间索引

空间索引是针对空间数据类型的字段建立的索引。MySQL 中有 4 种空间数据类型：GEOMETRY、POINT、LINESTRING 和 POLYGON。MySQL 使用 SPATIL 关键字进行扩展，因此可用创建正规索引类型类似的语法创建空间索引。创建空间索引的列必须被声明为 NOTNULL，并且空间索引只能在存储引擎为 MyISAM 的表中创建。

此外,根据索引列的数目,MySQL 的索引又可以分为单列索引和组合索引。

1) 单列索引

单列索引指一个索引只包含一个列。一张表可以包含多个单列索引。

2) 组合索引

组合索引又称为复合索引、联合索引或多列索引,是指可将表的多个字段组合创建的索引。MySQL 在使用组合索引时会遵循最左前缀匹配原则,即最左优先,在检索数据时从组合索引的最左边开始匹配。因此,创建组合索引时,要根据业务需要将 WHERE 子句中使用最频繁的一列放在最左边。

6.1.3 索引的设计原则

观看视频

索引设计不合理或缺少索引都会给数据库的应用造成障碍。高效的索引对于用户获得良好的性能体验非常重要。设计索引时,应该考虑以下原则。

(1) 索引并非越多越好。一张表中如有大量的索引,不仅占用磁盘空间,而且会影响 INSERT、UPDATE、DELETE 等语句的性能。因为在更改表中的数据的同时,索引也会进行调整和更新。

(2) 避免对经常更新的表建立过多的索引,并且索引中的字段要尽可能少。对经常查询的字段应该建立索引,但要避免对不必要的字段建立索引。

(3) 数据量小的表最好不要使用索引。由于数据较少,查询花费的时间可能比遍历索引的时间还要短,索引可能不会产生优化的效果。

(4) 在不同值较少的字段上不要建立索引。字段中的不同值比较少,例如学生表的"性别"字段,只有"男"和"女"两个值,这样的字段就无须建立索引,建立索引后不但不会提高查询效率,反而会严重降低更新速度。

(5) 为经常需要进行排序、分组和连接查询的字段建立索引。为频繁进行排序或分组的字段和经常进行连接查询的字段创建索引。

6.1.4 创建索引

观看视频

在 MySQL 中,创建索引的方式有三种,具体如下。

1. 创建表时直接创建索引

使用 CREATE TABLE 语句创建表时,除了可以定义表中包含的列的数据类型,还可以定义主键约束、外键约束或者唯一性约束。无论创建哪种约束,在定义约束的同时相当于在对应的列上创建了一个索引。创建表时创建索引的基本语法格式如下。

```
CREATE TABLE 表名
(
字段名 数据类型 [完整性约束条件],
字段名 数据类型 [完整性约束条件],
…
字段名 数据类型,
[UNIQUE|FULLTEXT|SPATIAL] INDEX|KEY [别名](字段名[(长度)]) [ASC|DESC]
);
```

参数说明如下。

（1）UNIQUE：表示创建唯一索引，在索引字段中不能有相同的值存在。

（2）FULLTEXT：表示创建全文索引。

（3）SPATIAL：表示创建空间索引。

（4）别名：表示创建的索引的名称。不加此选项，则默认用创建索引的字段名作为该索引名称。

（5）长度：指定字段中用于创建索引的长度。不加此选项，则默认用整个字段内容创建索引。

（6）ASC|DESC：表示创建索引时的排序方式。其中 ASC 为升序排列，DESC 为降序排列。默认为升序排列。

【例 6-1】 创建 tb_teacher 表，同时在表的 tname 字段上建立普通索引，SQL 语句如下。

```
CREATE TABLE tb_teacher
(
    tno CHAR (4) NOT NULL,
    tname VARCHAR(10) NOT NULL,
    tgender CHAR(1),
    tedu VARCHAR(10) ,
    tpro VARCHAR(8),
    INDEX (tname)
);
```

上述 SQL 语句执行后，使用 SHOW CREATE TABLE 语句查看表的结构，执行结果如图 6-1 所示。

图 6-1 使用 SHOW CREATE TABLE 语句查看 tb_teacher 表的结构

从图 6-1 中可以看出，tname 字段上已经创建了一个名称为 tname 的索引。可以使用 EXPLAIN 语句查看索引是否被使用，SQL 语句如下。

```
EXPLAIN SELECT * FROM tb_teacher WHERE tname = '黄阳';
```

执行结果如图 6-2 所示。

图 6-2 使用 EXPLAIN 语句查看 SELECT 语句的执行结果

从图 6-2 中可以看出，possible_keys 和 key 的值都为 tname，说明 tname 索引已经存在并且已经被使用了。

【例 6-2】 创建 tb_course 表，在 cname 字段上创建名为 UK_cname 的唯一索引，并且按照升序排列，SQL 语句如下。

```
CREATE TABLE tb_course
(
```

```
    cno CHAR(4) NOT NULL PRIMARY KEY,
    cname VARCHAR(40),
    cperiod INT,
    credit DECIMAL(3,1),
    ctno CHAR(4),brief VARCHAR(255),
    UNIQUE INDEX UK_cname(cname ASC)
);
```

上述 SQL 语句执行后,使用 SHOW CREATE TABLE 语句查看表的结构,执行结果如图 6-3 所示。

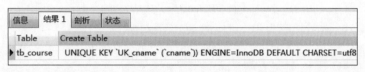

图 6-3 使用 SHOW CREATE TABLE 语句查看 tb_course 表的结构

从图 6-3 中可以看出,在 tb_course 表的 cname 字段上已经创建了一个名为 UK_cname 的唯一索引。

【例 6-3】 创建 course_2 表,同时在 course_2 表中的 brief 字段上创建名为 FT_brief 的全文索引,SQL 语句如下。

```
CREATE TABLE course_2
(
    cno CHAR(4) NOT NULL PRIMARY KEY ,
    cname VARCHAR(40),
    cperiod INT,
    credit DECIMAL(3,1) ,
    ctno CHAR(4),
    brief VARCHAR(255),
    FULLTEXT INDEX FT_brief(brief)
)ENGINE = MyISAM;
```

上述 SQL 语句执行后,使用 SHOW CREATE TABLE 语句查看表的结构,执行结果如图 6-4 所示。

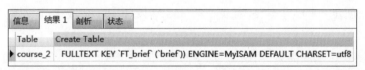

图 6-4 使用 SHOW CREATE TABLE 语句查看 course_2 表的结构

从图 6-4 中可以看出,brief 字段上已经创建一个名为 FT_brief 的全文索引。

【例 6-4】 创建一个名为 e_0 的表,在数据类型为 GEOMETRY 的 space 字段上创建空间索引,SQL 语句如下。

```
CREATE TABLE e_0
(
    space GEOMETRY NOT NULL,
    SPATIAL INDEX sp(space)
)ENGINE = MyISAM;
```

上述 SQL 语句执行后,使用 SHOW CREATE TABLE 语句查看表的结构,执行结果如图 6-5 所示。

| 信息 | 结果 1 | 剖析 | 状态 |

Table	Create Table
▶ e_0	NULL, SPATIAL KEY `sp` (`space`)) ENGINE=MyISAM DEFAULT CHARSET=utf8

图 6-5 使用 SHOW CREATE TABLE 语句查看 e_0 表的结构

从图 6-5 中可以看出，e_0 表中的 space 字段上已经创建了一个名称为 sp 的空间索引。需要注意的是，创建空间索引的字段的值不能为空。

【例 6-5】 创建 course_3 表，同时在 course_3 表中的 cname 字段上创建名为 IDX_cname 的单列索引，索引长度为 10，对应的 SQL 语句如下。

```
CREATE TABLE course_3
(
    cno CHAR(4) NOT NULL PRIMARY KEY,
    cname VARCHAR(40),
    cperiod INT,
    credit DECIMAL(3,1),
    ctno CHAR(4),
    brief VARCHAR(255),
    INDEX IDX_cname(cname(10))
);
```

上述 SQL 语句执行后，使用 SHOW CREATE TABLE 语句查看表的结构，执行结果如图 6-6 所示。

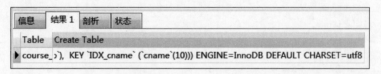

| 信息 | 结果 1 | 剖析 | 状态 |

Table	Create Table
▶ course_3	), KEY `IDX_cname` (`cname`(10))) ENGINE=InnoDB DEFAULT CHARSET=utf8

图 6-6 使用 SHOW CREATE TABLE 语句查看 course_3 表的结构

从图 6-6 中可以看出，cname 字段上已经创建了一个名为 IDX_cname 的单列索引，长度为 10。

【例 6-6】 创建 elective_1 表，在表中的 sno 字段和 cno 字段上建立多列索引，对应的 SQL 语句如下。

```
CREATE TABLE elective_1
(
    sno CHAR(8) NOT NULL,
    cno CHAR(4) NOT NULL,
    score INT,
    INDEX IDX_multi(sno,cno)
);
```

上述 SQL 语句执行后，使用 SHOW CREATE TABLE 语句查看表的结构，执行结果如图 6-7 所示。

从图 6-7 中可以看出，sno 和 cno 字段上已经创建了一个名为 IDX_multi 的多列索引。

需要注意的是，在多列索引中，只有查询条件中使用了多列索引的第一个字段时，索引才会被引用。

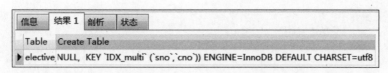

图 6-7 使用 SHOW CREATE TABLE 语句查看 elective_1 表的结构

将 sno 字段作为查询条件时,使用 EXPLAIN 语句查看索引的使用情况,SQL 语句如下。

```
EXPLAIN SELECT * FROM elective_1 WHERE sno = '200101'
```

执行结果如图 6-8 所示。

图 6-8 使用 EXPLAIN 语句查看用 sno 学号字段作为查询条件时索引的使用

从图 6-8 中可以看出,possible_keys 和 key 的值都为 IDX_multi,说明 IDX_multi 索引已经存在并且已经开始使用了。

将 cno 字段作为查询条件时,使用 EXPLAIN 语句查看索引的使用情况,SQL 语句如下。

```
EXPLAIN SELECT * FROM elective_1 WHERE cno = '200101'
```

执行结果如图 6-9 所示。

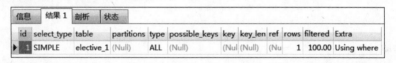

图 6-9 使用 EXPLAIN 语句查看用 cno 课程号字段作为查询条件时索引的使用

从图 6-9 中可以看出,possible_keys 和 key 的值都为 NULL,说明 IDX_multi 索引没有被使用。

2. 在已经存在的表上使用 CREATE INDEX 语句创建索引

CREATE INDEX 语句基本的语法形式如下。

```
CREATE [UNIQUE] [FULLTEXT] [SPATIAL] INDEX 索引名
ON 表名(字段名[(长度)] [ASC | DESC] [,…]);
```

其中的参数与 CREATE TABLE 语句中的参数含义相同。

先创建一个没有任何索引的学生表 stu。表中包含 sno(学号)字段、sname(姓名)字段、sgender(性别)字段、sbirth(出生日期)字段、sclass(班级)字段和 sresume(简历)字段,创建 stu 表的 SQL 语句如下。

```
CREATE TABLE stu
(
    sno char(8) NOT NULL,
    sname VARCHAR(10) NOT NULL,
    sgender CHAR(1),
```

```
    sbirth DATE,
    sclass VARCHAR(20),
    sresume VARCHAR(255)
)ENGINE = MyISAM;
```

【例 6-7】 在 stu 表的 sname 字段上创建名为 stu_name 的普通索引,SQL 语句如下。

```
CREATE INDEX stu_name ON stu(sname);
```

【例 6-8】 在 stu 表的 sno 字段上创建名为 stu_sno 的唯一索引,SQL 语句如下。

```
CREATE UNIQUE INDEX stu_sno ON stu(sno);
```

【例 6-9】 在 stu 表的 sresume 字段上创建名为 stu_sresume 的全文索引,SQL 语句如下。

```
CREATE FULLTEXT INDEX stu_sresume ON stu(sresume);
```

【例 6-10】 在 stu 表的 sname 和 sclass 字段上创建名为 stu_sname_sclass 的多列索引,SQL 语句如下。

```
CREATE INDEX stu_sname_sclass ON stu(sname,sclass);
```

上述 SQL 语句执行后,使用 SHOW CREATE TABLE 语句查看表的结构,执行结果如图 6-10 所示。

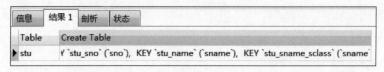

图 6-10 使用 SHOW CREATE TABLE 语句查看 stu 表的结构

从图 6-10 中可以看出,在 stu 表中的 sno 字段上创建了唯一索引,sname 字段上创建了普通索引,sresume 字段上创建了全文索引,sname 和 sclass 两个字段上创建了普通索引。

【例 6-11】 创建一张名为 e_1 的表,在数据类型为 GEOMETRY 的 space 字段上创建空间索引,SQL 语句如下。

(1) 创建 e_1 表。

```
CREATE TABLE e_1
(
    space GEOMETRY NOT NULL
)ENGINE = MyISAM;
```

(2) 在 e_1 表的 space 字段上创建空间索引。

```
CREATE SPATIAL INDEX sp_space ON e_1(space);
```

3. 在已经存在的表上使用 ALTER TABLE 语句创建索引

在已经存在的表上创建索引,可以使用 ALTER TABLE 语句,其语法格式如下。

```
ALTER TABLE 表名
ADD [UNIQUE|FULLTEXT|SPATIAL] INDEX 索引名(字段名[(长度)] [ASC|DESC]);
```

为举例说明,先将上面的学生表 stu 删除,再重新建立一张没有任何索引的 stu 表。

【例6-12】 在 stu 表的 sname 字段上创建名为 stu_sname 的普通索引，SQL 语句如下。

```
ALTER TABLE stu ADD INDEX stu_sname(sname);
```

【例6-13】 在 stu 表的 sno 字段上创建名为 stu_sno 的唯一索引，SQL 语句如下。

```
ALTER TABLE stu ADD UNIQUE INDEX stu_sno(sno);
```

【例6-14】 在 stu 表的 sresume 字段上创建名为 stu_sresume 的全文索引，SQL 语句如下。

```
ALTER TABLE stu ADD FULLTEXT INDEX stu_sresume(sresume);
```

【例6-15】 在 stu 表的 sname 和 sclass 字段上创建名为 stu_sname_sclass 的多列索引，SQL 语句如下。

```
ALTER TABLE stu ADD INDEX stu_sname_sclass(sname,sclass);
```

上述 SQL 语句执行后，使用 SHOW CREATE TABLE 语句查看表的结构，执行结果如图 6-11 所示。

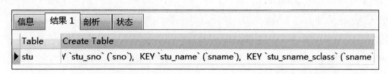

图 6-11　使用 SHOW CREATE TABLE 语句查看 stu 表的结构

从图 6-11 中可以看出，在 stu 表中的 sno 字段上创建了唯一索引，sname 字段上创建了普通索引，sresume 字段上创建了全文索引，sname 和 sclass 两个字段上创建了普通索引。

【例6-16】 创建一张名为 e_2 的表，在数据类型为 GEOMETRY 的 space 字段上创建空间索引，SQL 语句如下。

（1）创建 e_2 表。

```
CREATE TABLE e_2
(
    space GEOMETRY NOT NULL,
) ENGINE = MyISAM;
```

（2）在 e_2 表 space 字段上创建空间索引。

```
ALTER TABLE e_2 ADD SPATIAL INDEX sp_space(space);
```

6.1.5　删除索引

如果某些索引降低了数据库的性能，或者根本就没有必要创建该索引，可以考虑将索引删除。删除索引有两种方式，具体如下。

（1）使用 DROP INDEX 删除索引，其语法格式如下。

```
DROP INDEX 索引名 ON 表名;
```

【例6-17】 使用 DROP INDEX 将 stu 表中的 stu_sno 索引删除，SQL 语句如下。

```
DROP INDEX stu_sno ON stu;
```

（2）使用 ALETR TABLE 删除索引，其语法格式如下。

```
ALTER TABLE 表名 DROP INDEX 索引名;
```

【例 6-18】 使用 ALTER TABLE 将 stu 表中的 stu_sname 索引删除，SQL 语句如下。

```
ALTER TABLE stu DROP INDEX stu_sname;
```

需要注意的是，如果从表中删除了列，则索引可能会受到影响。如果所删除的列为索引的组成部分，则该列也会从索引中删除。如果组成索引的所有列都被删除，则整个索引将被删除。

6.2　视图

观看视频

6.2.1　视图概述

视图是从一张或多张基本表中导出的虚拟表。视图与基本表不同，视图不对数据进行实际存储，数据库中只存储视图的定义。用户对视图的数据进行操作时，系统会根据视图的定义去操作相关联的基本表。MySQL 从 5.0 版本开始可以使用视图。

对视图的操作与对基本表的操作相似，可以使用 SELECT 语句查询数据，使用 INSERT、UPDATE 和 DELETE 语句修改记录。当对视图的数据进行修改时，相应的基本表的数据也随之发生变化。同时，若基本表的数据发生变化，与之关联的视图也随之变化。

视图只是保存在数据库中的 SELECT 查询。因此，对查询执行的大多数操作也可以在视图上进行。也就是说视图只是给查询起了一个名字，把它作为对象保存在数据库中。只要使用简单的 SELECT 语句即可查看视图中查询的执行结果。视图是定义在基表（视图的数据源）上的，对视图的一切操作最终会转换为对基表的操作。

为什么要引入视图呢？这是由于视图具有如下优点。

（1）简化对数据的查询和处理。用户可以将经常使用的连接、投影、联合查询和选择查询定义为视图，这样在每次执行相同的查询时，不必重写这些复杂的语句，只要一条简单的查询视图语句即可。视图可以向用户隐藏表与表之间复杂的连接操作。

（2）自定义数据。视图能够让不同的用户以不同的方式看到不同或相同的数据集。

（3）隐蔽数据库的复杂性。用户不必了解复杂的数据库中的表结构，并且数据库表的更改也不影响用户对数据库的使用。

（4）导入和导出数据。通过视图，用户可以重新组织数据，并且将数据导入或导出。

（5）安全性。通过视图，用户只能查询和修改他们所能见到的数据，而数据库中的其他数据用户既看不见，也取不到。

观看视频

6.2.2　视图的创建

视图的创建基于 SELECT 语句和已存在的数据表。视图可以建立在一张表上，也可以建立在多张表上。创建视图使用 CREATE VIEW 语句，语法格式如下。

```
CREATE [OR REPLACE] [ALGORITHM = {UNDEFINED|MERGE|TEMPTABLE}]
VIEW 视图名 [(字段名列表)]
AS SELECT 语句 [WITH [CASCADED|LOCAL] CHECK OPTION ]
```

参数说明如下。

(1) [OR REPLACE]：可选项，表示可以替换已有的同名视图。

(2) [(字段名,…)]：可选项，声明视图中使用的字段名。各字段名由逗号分隔，字段名的数目必须等于SELECT语句检索的列数。该选项省略时，视图的字段名与源表的字段名相同。

(3) SELECT语句：用来创建视图的SELECT语句，可在SELECT语句中查询多张表或视图。

(4) WITH CHECK OPTION：可选项，强制所有通过视图修改的数据必须满足SELECT语句中指定的选择条件，这样可以确保数据修改后，仍可通过视图看到修改的数据。当一个视图根据另一个视图定义时，WITH CHECK OPTION给出LOCAL和CASCADE两个可选参数，它们决定了检查测试的范围。LOCAL表示只对定义的视图进行检查，CASCADED表示对所有视图进行检查，该选项省略时，默认值为CASCADED。

使用视图时，要注意下列事项。

(1) 默认情况下，在当前数据库创建新视图。要想在给定数据库中明确创建视图，创建时应将名称指定为db_name.view_name(数据库名.视图名)。

(2) 视图的命名必须遵循标识符命名规则，不能与表同名。对于每个用户，视图名必须是唯一的，即对不同用户，即使是定义相同的视图，也必须使用不同的名字。

(3) 不能把规则、默认值或触发器与视图相关联。

(4) 定义视图的用户必须对所参照的表或视图有查询权限。

(5) 视图中的SELECT命令不能包含FROM子句中的子查询，不能引用系统或用户变量，不能引用预处理语句参数。

【例6-19】 在jwsystem数据库中创建一个基于teacher表的teacher_view视图，要求查询并输出所有教师的tname(姓名)字段、tgender(性别)字段和tpro(职称)字段。

(1) 打开数据库jwsystem，创建teacher_view视图，SQL语句如下。

```
USE jwsystem;
CREATE VIEW teacher_view
AS
SELECT tname,tgender,tpro FROM teacher;
```

执行上述语句，在jwsystem数据库中创建teacher_view视图。

(2) 视图定义以后，可以像基本表一样对它进行查询，使用SELECT语句查询teacher_view视图，SQL语句如下。

```
SELECT * FROM teacher_view;
```

执行结果如图6-12所示。

【例6-20】 在jwsystem数据库中创建一个基于teacher表的teacher1_view视图，要求查询并输出所有教师的tname(姓名)字段、tgender(性别)字段和tpro(职称)字段，并将视图中的字段名设为教师姓名、教师性别和教师职称。

tname	tgender	tpro
杜倩颖	女	讲师
赵复前	男	讲师
胡祥	男	副教授
何纯	女	副教授
刘小娟	女	讲师

图6-12 查询teacher_view视图

（1）先将当前数据库设为 jwsystem 数据库，执行以下 SQL 语句。

```
USE jwsystem;
CREATE VIEW teacher1_view(教师姓名,教师性别,教师职称)
AS
SELECT tname,tgender,tpro FROM teacher;
```

执行上述语句，在 jwsystem 数据库中创建 teacher1_view 视图。

（2）使用 SELECT 语句查询 teacher1_view 视图，SQL 语句如下。

```
SELECT * FROM teacher1_view;
```

执行结果如图 6-13 所示。

图 6-13　查询 teacher1_view 视图

从图 6-12 和图 6-13 所示的查询结果可以看出，teacher_view 视图和 teacher1_view 视图虽然字段名称不同，但数据却是相同的。这是因为两个视图引用的是同一张表，SELECT 语句也一样，只是在 teacher1_view 视图中指定了视图的字段名。

【例 6-21】　在 jwsystem 数据库中创建一个基于学生表 studentInfo、课程表 course 和选课表 elective 的 nopass_view 视图，要求查询并输出所有不及格学生的 sno（学号）字段、sname（姓名）字段、cname（课程名）字段和 score（成绩）字段。

（1）先把当前数据库设为 jwsystem 数据库，该视图的定义涉及 studentInfo、course 和 elective 三张表，因此，在创建视图的 SELECT 语句中需要建立多表查询，SQL 语句如下。

```
USE jwsystem;
CREATE VIEW nopass_view
AS
SELECT a.sno AS 学号,sname AS 姓名,cname AS 课程名,
score AS 成绩 FROM studentinfo a INNER JOIN elective b ON a.sno = b.sno
INNER JOIN course c ON b.cno = c.cno
WHERE score < 60;
```

（2）使用 SELECT 语句查询 nopass_view 视图，SQL 语句如下。

```
SELECT * FROM nopass_view;
```

执行结果如图 6-14 所示。

图 6-14　查询 nopass_view 视图

6.2.3 查看视图

查看视图是查看数据库中已经存在的视图的定义。查看视图必须要有 SHOW VIEW 的权限。查看视图的方法包括 DESCRIBE、SHOW TABLE STATUS 和 SHOW CREATE VIEW。

观看视频

1. 使用 DESCRIBE 语句查看视图

在 MySQL 中,使用 DESCRIBE 语句可以查看视图的字段信息,包括字段名、字段类型等,DESCRIBE 语句的语法格式如下。

```
DESCRIBE 视图名;
```

或简写为:

```
DESC 视图名;
```

【例 6-22】 查看视图 teacher_view 的基本信息,SQL 语句如下。

```
DESCRIBE teacher_view;
```

执行结果如图 6-15 所示。

信息	结果 1	剖析	状态			
Field	Type	Null	Default	Key	Extra
tname	varchar(10)	NO	(Null)		
tgender	char(2)	YES	(Null)		
tpro	varchar(8)	YES	副教授		

图 6-15   teacher_view 视图的基本信息

DESCRIBE 一般情况下都简写成 DESC。图 6-15 显示结果中的各列含义如下。

(1) Field 表示视图中的字段名。

(2) Type 表示字段的数据类型。

(3) Null 表示该字段是否允许存放空值。

(4) Default 表示该字段是否有默认值。

(5) Key 表示该字段是否已经建有索引。

(6) Extra 表示该字段的附加信息。

2. 使用 SHOW TABLE STATUS 语句查看视图

在 MySQL 中,使用 SHOW TABLE STATUS 语句可以查看视图的定义信息,语法格式如下。

```
SHOW TABLE STATUS LIKE '视图名';
```

其中,"LIKE"表示后面是匹配字符串;"视图名"是要查看的视图名称,可以是一个具体的视图名,也可以包含通配符,代表要查看的多个视图。视图名称要用单引号括起来。

【例 6-23】 使用 SHOW TABLE STATUS 语句查看 teacher_view 视图的定义信息,SQL 语句如下。

```
SHOW TABLE STATUS LIKE 'teacher_view';
```

执行结果如图 6-16 所示。

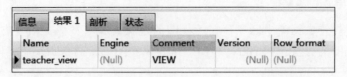

图 6-16　使用 SHOW TABLE STATUS 语句查看视图

从图 6-16 中可以看出，Comment 项的值为 VIEW，说明所查看的 teacher_view 是一个视图。Engine（存储引擎）、Data_length（数据长度）、Index_length（索引长度）等项都显示为 Null，说明视图是虚拟表。使用 SHOW TABLE STATUS 语句查看 teacher 表，执行结果如图 6-17 所示。

Name	Engine	Version	Row_format	Rows	Avg_row_length
teacher	InnoDB	10	Dynamic	14	1170

图 6-17　使用 SHOW TABLE STATUS 语句查看 teacher 表

比较图 6-17 和图 6-16，在表的显示信息中，Engine（存储引擎）、Date_length（数据长度）、Index_length（索引长度）等项都有具体的值，但是 Comment 项没有信息，说明这是表而不是视图，这也是视图和表最直接的区别。

3. 使用 SHOW CREATE VIEW 语句查看视图

在 MySQL 中，使用 SHOW CREATE VIEW 语句不仅可以查看创建视图的定义语句，还可以查看视图的字符编码以及视图中记录的行数，SHOW CREATE VIEW 语句的语法格式如下。

```
SHOW CREATE VIEW 视图名;
```

【例 6-24】　使用 SHOW CREATE VIEW 语句查看 teacher_view 视图，SQL 语句如下。

```
SHOW CREATE VIEW teacher_view;
```

执行结果如图 6-18 所示。

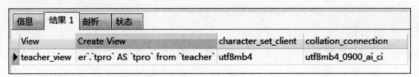

图 6-18　使用 SHOW CREATE VIEW 语句查看 teacher_view 视图

观看视频

6.2.4　修改和删除视图

1. 修改视图

视图被创建后，若其关联的基本表的某些字段发生变化，则需要对视图进行修改，从而保持视图与基本表的一致性。MySQL 通过 CREATE 或 REPLACE VIEW 语句和 ALTER VIEW 语句修改视图。

（1）使用 CREATE 或 REPLACE VIEW 语句，语法格式如下。

```
CREATE 或 REPLACE [ALGORITHM = {UNDEFINED|MERGE|TEMPTABLE}]
VIEW 视图名[(字段名列表)]
AS
select 语句 [ WITH [CASCADED|LOCAL] CHECK OPTION ]
```

（2）使用 ALTER VIEW 语句，语法格式如下。

```
ALTER [ALGORITHM = {UNDEFINED|MERGE|TEMPTABLE}]
VIEW 视图名[(字段名列表)]
AS
SELECT 语句 [WITH [CASCADED|LOCAL] CHECK OPTION ]
```

上述语句中的参数含义和创建视图语句中的参数含义一样。

【例 6-25】 使用 ALTER VIEW 语句修改例 6-19 创建的 teacher_view 视图，查询输出所有职称为"讲师"的教师的 tname 字段和 tpro 字段，SQL 语句如下。

```
ALTER VIEW teacher_view
AS
SELECT tname AS 姓名,tpro AS 职称 FROM teacher WHERE tpro = '讲师';
```

使用 SELECT 语句查询 teacher_view 视图，执行结果如图 6-19 所示。

从图 6-19 中可以看出，teacher_view 视图中只有职称为"讲师"的数据记录。视图已经被修改。

2．删除视图

当不再需要视图时，可以将视图删除。删除视图只是将视图的定义删除，并不会影响基表中的数据，删除视图的语法格式如下。

```
DROP VIEW [IF EXISTS]视图名 1[,视图名 2]…;
```

在上述语法格式中，视图名可以有一个或多个，即同时删除一个或多个视图。视图名之间用逗号分隔。删除视图必须有 DROP VIEW 权限。IF EXISTS 可选项表示删除视图时如果存在指定视图，则将指定视图删除；如果不存在指定视图，删除操作也不会出现错误。

【例 6-26】 删除例 6-25 中创建的 teacher_view 视图，SQL 语句如下。

```
DROP VIEW IF EXISTS teacher_view;
```

上述语句执行后，teacher_view 被删除。为了验证视图是否删除成功，使用 SELECT 语句查询视图，查询结果如图 6-20 所示。

信息	结果 1	剖析	状态
姓名		职称	
▶ 杜倩颖		讲师	
赵复前		讲师	
刘小娟		讲师	

```
信息   状态
SELECT * FROM teacher_view
> 1146 - Table 'jwsystem.teacher_view' doesn't exist
> 时间: 0.001s
```

图 6-19 查询修改后的 teacher_view 视图   图 6-20 查询删除后的 teacher_view 视图

从图 6-20 中可以看出，teacher_view 视图已经不存在了。

6.2.5　更新视图

更新视图指通过视图插入、更新和删除表中的数据。因为视图是一个虚拟表，所以更新视图就是更新其关联的基本表中的数据。要通过视图更新基本表数据，必须保证视图是可更新视图，即可以在 INSERT、UPDATE 或 DELETE 等语句中使用它们。对于可更新视图，视图中的行和基本表中的行必须具有一对一的关系。

1. 使用 INSERT 语句向视图中插入数据

观看视频

使用视图插入数据与向基表中插入数据一样，都可以通过 INSERT 语句实现。插入数据的操作是针对视图中字段的插入操作，而不是针对基表中所有字段的插入操作。

【例 6-27】　在 jwsystem 数据库中，基于 studentInfo 表创建一个名为 student_view 的视图。该视图包含所有学生的 sno 字段、sname 字段和 sgender 字段的数据。

（1）打开 jwsystem 数据库，创建 student_view 视图，SQL 语句如下。

```
USE jwsystem;
CREATE VIEW student_view
AS
SELECT sno,sname,sgender
FROM studentInfo;
```

（2）成功执行上述语句后，使用 SELECT 语句查看该视图中的数据，SQL 语句如下。

```
SELECT * FROM student_view;
```

执行结果如图 6-21 所示。

（3）接下来向 student_view 视图中插入一条数据，sno（学号）字段的值为 200205，sname（姓名）字段的值为"张三"、sgender（性别）字段的值为"女"。实现上述操作，可以使用 INSERT 语句。

```
INSERT INTO student_view VALUES('200205', '张三','女');
```

成功执行上述语句后，使用 SELECT 语句查看该视图和学生表 studentInfo 中的数据，执行结果如图 6-22 所示。

信息	结果 1	剖析	状态

sno	sname	sgender
200199	萤海霞	女
200200	周航	男
200201	张明	男
200205	张三	女

信息	结果 1	剖析	状态

sno	sname	sgender
200101	王敏	女
200102	萤政辉	男
200103	陈莎	女
200104	汪一娟	女

图 6-21　student_view 视图中的数据

信息	结果 1	剖析	状态

sno	sname	sgender	sbirth	sclass
200199	萤海霞	女	2000-01-02	测试2001
200200	周航	男	2001-10-20	.NET2002
200201	张明	男	1998-08-05	Java2001
200205	张三	女	(Null)	(Null)

图 6-22　插入数据后视图和表中的数据

从图 6-22 中可以看出,新的数据既出现在视图中,也出现在基表中。

使用视图插入数据时,要注意下列事项。

(1) 使用 INSERT 语句进行插入操作的用户必须有在基表中插入数据的权限,否则插入操作会失败。

(2) 如果视图上没有包含基表中所有属性为 NOT NULL 的字段,那么插入操作会由于那些字段存在 Null 值而失败。

(3) 如果视图中的数据是由聚合函数或者表达式计算得到的,则插入操作不成功。

(4) 不能在使用了 DISTINCT、UNION、TOP、GROUP BY 或 HAVING 子句的视图中插入数据。

(5) 如果在创建视图的 CREATE VIEW 语句中使用了 WITH CHECK OPTION 子句,那么所有对视图进行修改的语句必须符合 WITH CHECK OPTION 中的限定条件。

(6) 对于由多张基表连接查询而生成的视图来说,一次插入操作只能作用于一张基表上。

2. 使用 UPDATE 语句更新视图中数据

在视图中更新数据与在基表中更新数据一样,都需要使用 UPDATE 语句。当视图中的数据来源于多张基表时,与插入操作一样,每次更新操作只能更新一张基表中的数据。通过视图修改存在于多张基表中的数据时,要分别对不同的基表使用 UPDATE 语句。在视图中使用 UPDATE 语句进行更新操作时也受到与进行插入操作时一样的限制。

【例 6-28】 将前面 student_view 视图中 sname(姓名)字段值为"张三"的学生记录的 sgender(性别)字段值更新为"男",SQL 语句如下。

```
USE jwsystem;
UPDATE student_view
SET sgender = '男'
WHERE sname = '张三';
```

成功执行上述语句后,使用 SELECT 语句查看该视图和学生表 studentInfo 中的数据,执行结果如图 6-23 所示。

信息	结果 1	剖析	状态
sno	sname		sgender
200199	萤海夏		女
200200	周航		男
200201	张明		男
200205	张三		男

信息	结果 1	剖析	状态	
sno	sname	sgender	sbirth	sclass
200199	萤海夏	女	2000-01-02	测试2001
200200	周航	男	2001-10-20	.NET2002
200201	张明	男	1998-08-05	Java2001
200205	张三	男	(Null)	(Null)

图 6-23 更新数据后视图和表中的数据

从图 6-23 中可以看出,视图和表中张三的性别都变为"男"了。

3. 使用 DELETE 语句删除数据

通过视图删除数据与在基表中删除数据的方式一样，都需要使用 DELETE 语句。在视图中删除的数据，同时也会从基表中删除。当一个视图连接了两张以上的基表时，对该视图中数据的删除操作是不允许的。

【例 6-29】 删除 student_view 视图中 sname 字段值为"张三"的数据，SQL 语句如下。

```
USE jwsystem;
DELETE FROM student_view
WHERE sname = '张三';
```

成功执行上述语句后，使用 SELECT 语句查看该视图和学生表 studentInfo 中的数据，执行结果如图 6-24 所示。

sno	sname	sgender
200199	莹海霞	女
200200	周航	男
200201	张明	男

sno	sname	sgender	sbirth	sclass
200199	莹海霞	女	2000-01-02	测试2001
200200	周航	男	2001-10-20	.NET2002
200201	张明	男	1998-08-05	Java2001

图 6-24　删除数据后视图和表中的数据

从图 6-24 中可以看出，视图和表中的相应数据都被删除了。

单元小结

MySQL 索引是一种特殊的文件，它包含对数据表里所有记录的引用指针。索引是加快检索的最重要的工具，检索时可以根据索引值直接找到所在的行。MySQL 会自动更新索引，以保持索引总是和表的数据内容一致。索引也会占用额外的磁盘空间，在更新表的同时，索引也会被同时更新，因此使用索引要恰当。

视图是根据用户的不同需求，在物理数据库上按用户观点定义的数据结构。视图是一张虚拟表，数据库中只存储视图的定义，不实际存储视图对应的数据。对视图的数据进行操作时，系统会根据视图的定义去操作与视图相关联的基本表。视图定义后，就可以像基本表一样被查询、更新和删除。

单元实训项目

项目一：在"网上书店"数据库中创建索引并查看维护

目的：
掌握索引的创建、维护和使用。

内容：

(1) 在会员表的联系方式列上定义唯一索引。

(2) 在图书表的图书名称列上定义普通索引。

(3) 在订购表的图书编号和订购日期列上创建多列索引。

(4) 删除以上所建索引。

项目二：在"网上书店"数据库中创建视图并维护使用

目的：

掌握视图的定义、维护和使用。

内容：

(1) 定义基于图书表的视图(包含图书编号、图书名称、作者、价格、出版社和图书类别)。

(2) 查询图书表视图，输出图书的名称和价格，并把查询结果按价格降序排列。

(3) 查询图书表视图，输出价格最高的三种图书的名称和价格。

单元练习题

一、选择题

1. (　　)的功能是视图可以实现的。

    A. 将用户限定在表中的特定行上　　　　B. 将用户限定在特定列上

    C. 将多张表中的列连接起来　　　　　　D、将多个数据库的视图连接起来

2. 下列(　　)是在使用视图修改数据时需要注意的。

    A. 在一条 UPDATE 语句中修改的字段必须属于同一张基本表

    B. 一次可以修改多个视图的基本表

    C. 视图中所有字段的修改必须遵守基本表所定义的各种数据完整性约束

    D. 可以对视图中的计算字段进行修改

3. 下列关于视图的说法错误的是(　　)。

    A. 视图可以集中数据，简化和定制不同用户对数据集的不同要求

    B. 视图可以使用户只关心他感兴趣的某些特定数据和他所负责的特定任务

    C. 视图可以让不同的用户以不同的方式看到不同或者相同的数据集

    D. 视图不能用于连接多表

4. 下列几项中，关于视图叙述正确的是(　　)。

    A. 视图是一张虚表，所有的视图中不含有数据

    B. 不允许用户使用视图修改表中的数据

    C. 视图只能访问所属数据库的表，不能访问其他数据库的表

    D. 视图既可以通过表得到，也可以通过其他视图得到

5. (　　)是索引的类型。

    A. 唯一索引　　　　B. 普通索引　　　　C. 多列索引　　　　D. 全文索引

6. 一张表中至多可以有(　　)个普通索引。

    A. 1　　　　　　　B. 249　　　　　　C. 3　　　　　　　D. 无限多

7. 下面选项中,查看视图需要的权限是( )。

    A. SELECT VIEW   B. CREATE VIEW

    C. SHOW VIEW   D. SET VIEW

8. 下列将 view_stu 视图中 chinese 字段值更新为 100 的语句中,正确的是( )。

    A. UPDATE view_stu SET chinese＝100;

    B. ALTER view_stu SET chinese＝100;

    C. UPDATE VIEW view_stu SET chinese＝100;

    D. ALTER VIEW view_stu SET chinese＝100;

二、判断题

1. 视图中包含了 SELECT 查询的结果,因此视图的创建基于 SELECT 语句和已经存在的数据表。   ( )

2. 视图属于数据库,在默认情况下,视图将在当前数据库中创建。   ( )

3. 查看视图必须要有 CREATE VIEW 的权限。   ( )

4. 视图是一张虚拟表,其中没有数据,所以当通过视图更新数据时其实是在更新基本表中的数据。   ( )

三、问答题

1. 简单说明视图的基本概念及优点。

2. 举例说明简单 SELECT 查询和视图的区别与联系。

3. 举例说明索引的概念与作用。

4. 举例说明全文索引的概念并写出创建全文索引的 SQL 语句。

单元 7
存储过程与触发器

在线答题

拓展阅读

存储过程和存储函数是在数据库中定义一些 SQL 语句的集合，然后直接调用这些存储过程与存储函数来执行已经定义好的 SQL 语句。存储过程和存储函数是在 MySQL 服务器中存储和执行的，可以减少客户端和服务器端的数据传输。触发器是常用的数据库对象。触发器主要用于监视对表的 INSERT、UPDATE、DELETE 等更新操作，这些操作可以分别激活该表的 INSERT、UPDATE、DELETE 类型的触发器，从而为数据库自动维护提供便利。

本单元主要学习目标如下：
- 熟练掌握 SQL 编程基础知识。
- 理解存储过程和函数的概念与作用。
- 理解触发器的概念与作用。
- 熟练掌握创建与管理存储过程和存储函数的 SQL 语句的语法。
- 熟练掌握创建与管理触发器的 SQL 语句的语法。
- 能使用图形管理工具和命令方式实现存储过程和存储函数的操作。
- 能使用图形管理工具和命令方式实现触发器的操作。

7.1 MySQL 程序设计基础

前面几单元介绍了 SQL 命令，命令采用的是联机交互的使用方式，命令执行的方式是每次一条。为了提高工作效率，有时需要把多条命令组合在一起，形成一个程序一次性执行。因为程序可以重复使用，这样就能减少数据库开发人员的工作量，也能通过设定程序的权限来限制用户对程序的定义和使用，从而提高系统的安全性。几乎所有数据库管理系统都提供了"程序设计结构"，这些"程序设计结构"在 SQL 标准的基础上进行了扩展。本节将介绍 MySQL 编程的相关基础知识。

7.1.1 常量

常量也称为文字值或标量值，指程序运行中值始终不变的量。常量的格式取决于它表示的值的数据类型。

1. 字符串常量

字符串常量指用单引号或双引号括起来的字符序列，如"hi" "hello"等。每个汉字用 2 字节存储，而每个 ASCII 字符用 1 字节存储。

观看视频

2. 数值常量

数值常量分为整数常量和实型常量。整数常量是不带小数点的整数，如十进制数1000、6、＋1234、−5678 等。使用前缀 0x 可以表示十六进制数，如 0x1F00、0x19 等。实型常量是使用小数点的数值常量，它包括定点数和浮点数两种，如 1.3、−6.8、6.7E4、0.9E−5 等。

3. 日期时间常量

日期时间常量指用单引号括起来的日期时间。MySQL 是按年-月-日的顺序表示日期的。中间的间隔符可以用"-""\""/""@""％"等特殊符号，如"2021-01-01""2021/01/02""2021@01@03"等。

4. 布尔值常量

布尔值常量只包含 TRUE 和 FALSE 两个值。FALSE 的数字值为"0"，TRUE 的数字值为"1"。

5. Null 值

Null 值适用于各种列类型，通常用来表示"没有值""无数据"等，并且不同于数字"0"或字符串类型的空字符串。

7.1.2　变量

观看视频

变量就是在程序执行过程中值可以改变的量。变量用于临时存放数据，变量中的数据随着程序的运行而变化。变量由变量名和变量值构成，变量名用于标识该变量，变量名不能与命令和函数名相同。变量的数据类型与常量一样，它确定了该变量存放值的格式及允许的运算。MySQL 中的变量有系统变量、用户变量和局部变量 3 种。

1. 系统变量

系统变量是 MySQL 的一些特定的设置，又可分为全局变量和会话变量两种。

（1）全局变量在 MySQL 启动时由服务器自动将它们初始化为默认值，这些默认值可以通过 my.ini 配置文件更改。

（2）会话变量在每次建立一个新的连接时由 MySQL 初始化，MySQL 会将当前所有全局变量的值复制一份作为会话变量。也就是说，如果在建立会话以后没有手动更改会话变量与全局变量的值，则所有这些变量的值都是一样的。全局变量与会话变量的区别是，对全局变量的修改会影响整个服务器，但是对会话变量的修改只会影响到当前的会话，也就是当前的数据库连接。

大多数系统变量应用于其他 SQL 语句时，必须在名称前加两个@符号，而为了与其他 SQL 产品保持一致，某些特定的系统变量要省略这两个@符号，如 CURRENT_DATE（系统日期）、CURRENT_TIME（系统时间）、CURRENT_USER（SQL 用户的名字）等。

【例 7-1】　查看当前使用的 MySQL 的版本信息和当前的系统日期，SQL 语句如下。

```
SELECT @@VERSION AS '当前 MySQL 版本',CURRENT_DATE;
```

执行结果如图 7-1 所示。

在 MySQL 中，可以通过 SHOW 命令显示系统变量的清单，其基本语法格式如下。

```
SHOW [GLOBAL|SESSION|LOCAL] VARIABLES [LIKE'字符串']
```

参数说明如下。

图 7-1　查看当前使用的 MySQL 的版本信息和当前的系统日期

（1）[GLOBAL|SESSION|LOCAL]：可选项。GLOBAL 表示全局变量，SESSION 表示会话变量，LOCAL 与 SESSION 同义。若此项缺省，则默认为会话变量。

（2）[LIKE'字符串']：可选项。LIKE 子句表示与字符串匹配的具体的变量名称或名称清单。若此项缺省，则默认查看所有的变量。

【例 7-2】　显示所有的全局系统变量，SQL 语句如下。

```
SHOW GLOBAL VARIABLES;
```

执行结果如图 7-2 所示。

Variable_name	Value
version	8.0.23
version_comment	MySQL Community Server - GPL
version_compile_machine	x86_64
version_compile_os	Win64
version_compile_zlib	1.2.11
wait_timeout	28800
windowing_use_high_precision	ON

图 7-2　显示所有的全局系统变量

在 MySQL 中，有些系统变量的值是不可以改变的，有些可以通过 SET 语句修改，其基本语法格式如下。

```
SET[GLOBAL|SESSION|LOCAL]系统变量名 = 表达式|DEFAULT
|@@[GLOBAL|SESSION|LOCAL].系统变量名 = 表达式|DEFAULT
```

参数说明如下。

（1）[GLOBAL|SESSION|LOCAL]：可选项。GLOBAL 表示全局变量，SESSION 表示会话变量，LOCAL 与 SESSION 同义。若此项缺省，则默认为会话变量。

（2）表达式|DEFAULT：表达式是为系统变量设定的新值，DEFAULT 是将系统变量的值恢复为默认值。

【例 7-3】　将全局系统变量 sort_buffer_size 的值修改为 260000，并查看修改后的值，SQL 语句如下。

```
SET @@GLOBAL.sort_buffer_size = 260000;
SELECT @@GLOBAL.sort_buffer_size;
```

执行结果如图 7-3 和图 7-4 所示。

2. 用户变量

用户可以在表达式中使用自己定义的变量，这样的变量称为用户变量。使用用户变量前必须先进行定义和初始化。如果变量没有初始化，则它的值为 Null。

图 7-3　将全局系统变量 sort_buffer_size
　　　　的值修改为 260000

图 7-4　查看全局系统变量 sort_
　　　　buffer_size 的值

用户变量与连接有关。一个客户端定义的变量不能被其他客户端看到或使用。当客户端退出时，该客户端连接的所有用户变量将自动释放。

定义和初始化用户变量可以使用 SET 语句，其基本语法格式如下。

```
SET @用户变量名 1 = 表达式 1,…
```

利用 SET 语句可以同时定义多个变量，每个变量之间用逗号分隔。参数说明如下。

（1）@用户变量名 1。@符号必须放在一个用户变量的前面，以便将它和字段名区分开。用户变量名由当前字符集的文字数字字符、"."、"_"和"＄"组成。当变量名中需要包含一些特殊符号（如空格、♯等）时，可以使用双引号或单引号将整个变量括起来。

（2）表达式 1。要给变量赋的值，可以是常量、变量或表达式。

当一个用户变量被创建后，它可以以一种特殊形式的表达式用于其他 SQL 语句中。变量名前面也必须加上符号@，开发人员可以使用查询给变量赋值。

【例 7-4】　创建用户变量 username 并赋值为"李东"，用户变量 score 赋值为 90。查询这两个变量的值，SQL 语句如下。

```
SET @username = '李东',@score = 90;
SELECT @username,@score;
```

执行结果如图 7-5 和图 7-6 所示。

图 7-5　创建用户变量 username 和 score

图 7-6　查询用户变量 username 和 score

【例 7-5】　查询表 studentinfo 中 sname 为"方涛"的 sno，并将该值保存在用户变量 id_student 中，SQL 语句如下。

```
SET @id_student = (SELECT sno FROM studentinfo WHERE sname = '方涛');
```

执行结果如图 7-7 所示。

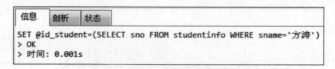

图 7-7　创建用户变量 id_student 并赋值

【例 7-6】　查询 studentinfo 表中 sno 等于变量 id_student 的 sname，SQL 语句如下。

```
SELECT sname FROM studentinfo WHERE sno = @id_student;
```

执行结果如图 7-8 所示。

信息	结果 1	剖析	状态
sname			
▶ 方涛			

图 7-8　查询 studentinfo 表中 sno 等于变量 id_student 的 sname

3. 局部变量

局部变量可以使用 DECLARE 语句定义，它的作用范围只局限在 BEGIN…END 语句块中。局部变量的赋值方法与用户变量相同，与用户变量不同的是局部变量不用 @ 符号开头，其基本语法格式如下。

```
DECLARE 局部变量名1, … 类型 [DEFAULT 值]
```

参数说明如下。

（1）局部变量名：用户自定义的局部变量的名字，这里可以一次定义多个局部变量，每个变量名之间用逗号分隔。

（2）类型：局部变量的数据类型。

（3）DEFAULT 值：可选项。将用户变量的默认初始值设为 DEFAULT 值，此项缺省时默认值为 Null。

【例 7-7】　定义局部变量 num，数据类型为 INT，默认值为 10，SQL 语句如下。

```
DECLARE num INT DEFAULT 10;
```

【例 7-8】　定义局部变量 stusex 和 stubirth，将 studentinfo 表中姓名为"方涛"的学生的性别和出生日期分别赋给变量 stusex 和 stubirth，SQL 语句如下。

```
CREATE PROCEDURE PartVariable()
BEGIN
    DECLARE stusex CHAR(10); ♯声明局部变量 stusex,类型为 CHAR
    DECLARE stubirth VARCHAR(10);♯声明局部变量 stubirth,类型为 VARCHAR
    SELECT sgender, sbirth INTO stusex,stubirth FROM studentinfo WHERE sname = '方涛'; ♯将
studentinfo 表中姓名为方涛的性别和出生日期分别赋值给变量 stusex 和 stubirth
    SELECT stusex,stubirth; ♯查询变量的值
END
```

这里使用了 SELECT…INTO 语句将选定的列值直接存储到变量中。

7.1.3　流程控制语句

结构化程序设计语言的基本结构是顺序结构、条件分支结构和循环结构。顺序结构是一种自然结构，条件分支结构和循环结构需要根据程序的执行情况对程序的执行顺序进行调整和控制。在 SQL 中，流程控制语句就是用来控制程序执行流程的语句，使用流程控制语句可以提高编程语言的处理能力。

观看视频

注意：流程控制语句只能放在存储过程和函数或触发器中控制程序的执行流程，不能单独执行。

1. IF 语句

IF 语句根据逻辑判断条件的值是 TRUE 还是 FALSE，转去执行相应的分支中的语

句,IF 语句的语法格式如下。

```
IF expr_condition THEN statement_list
[ELSEIF expr_condition THEN statement_list]
[ELSE statement_list]
END IF;
```

IF 语句用于实现分支判断的程序结构。在上述语法格式中,expr_condition 代表逻辑判断条件,statement_list 代表一条或多条 SQL 语句。如果 expr_condition 的值为 TRUE,则执行 THEN 后面的 SQL 语句块;如果 expr_condition 的值为 FALSE,则执行 ELSE 后面的 SQL 语句块。

下面举一个 IF 语句的例子,SQL 语句如下。

```
CREATE PROCEDURE IFexample()
  BEGIN
    DECLARE x INT;
    DECLARE y INT;
    SET x = 10, y = 20;
    IF x > y
      THEN SELECT x;
    ELSE
      SELECT y;
    END IF;
  END;
```

上述代码中,判断两个数 x,y 的大小,如果 x>y,则执行 THEN 后的语句,显示 x 的值;反之,则执行 ELSE 后的语句,显示 y 的值。

2. CASE 语句

CASE 也是条件判断语句,用于多分支判断的程序结构,常用语法格式如下。

```
CASE case_expr
  WHEN when_value THEN statement_list
    [WHEN when_value THEN statement_list]…
    [ELSE statement_list]
END CASE;
```

其中,case_expr 是一个表达式;when_value 表示 case_expr 表达式可能的匹配值。如果某一个 when_value 的值与 case_expr 表达式的值相匹配,则执行对应 THEN 关键字后的 statement_list 中的语句。如果所有 when_value 的值与 case_expr 表达式的值都不匹配,则执行 ELSE 关键字后的 statement_list 中的语句。下面给出一个 CASE 的语句片段,根据人名显示这个人的特征。

```
CREATE PROCEDURE Caseexample()
BEGIN
  DECLARE name VARCHAR(10);
  SET name = 'sam';
  CASE name
    WHEN 'sam' THEN SELECT 'young';
    WHEN 'lee' THEN SELECT 'handsome';
    ELSE SELECT 'good';
  END CASE;
END
```

3. LOOP 语句

LOOP 是一条循环语句,用来实现对一个语句块的循环执行。LOOP 语句并不能通过进行条件判断来决定何时退出循环,会一直执行循环语句。如果要退出循环,需要使用 LEAVE 等语句,LOOP 语句的语法格式如下。

```
[loop_label:] LOOP
    Statement_list
    END LOOP [loop_label];
```

其中,loop_label 是 LOOP 语句的标记名称,该参数可以省略;Statement_list 是循环体内的语句列表。

以下代码为使用 LOOP 语句计算 $1+2+3\cdots+100$。

```
CREATE PROCEDURE LOOPexample()
BEGIN
    DECLARE i int default 1;
    DECLARE sum int default 0;
    loop_label1:
    loop
        IF i > 100 THEN
            LEAVE loop_label1;  # 跳出循环
        END IF;
        SET sum = sum + i;
        SET i = i + 1;
    END LOOP;
    SELECT sum;
END
```

在上述代码中,利用循环实现了对 i 的增 1 操作,同时把 i 的值累加到 sum 变量中,当 i 的值大于 100 时,使用 LEAVE 语句跳出 LOOP 循环。代码结束,1~100 之和存储在 sum 变量中。

4. LEAVE 语句

LEAVE 语句基本语法格式如下。

```
LEAVE label;
```

其中,label 是一个标记名称,执行 LEAVE 语句时会无条件跳出到该标记名称所标识的语句块。因此,可以使用 LEAVE 语句跳出循环体。

5. ITERATE 语句

与 LEAVE 语句结束整个循环的功能不同,ITERATE 语句的功能是结束本次循环,转到循环开始语句,进行下一次循环,ITERATE 语句的语法格式如下。

```
ITERATE lable
```

其中,lable 是一个循环标记名称,ITERATE 语句只可以出现在 LOOP、REPEAT、WHILE 等循环语句中。以下代码首先使用 ITERATE 语句跳转显示 1~5,然后使用 LEAVE 语句退出整个循环。

```
DECLARE a INT DEFAULT 1;
    label1: LOOP
```

```
        IF a < 6 THEN
            SELECT a;
            SET a = a + 1;
            ITERATE label1;
        END IF;
    LEAVE label1;
END LOOP label1;
```

6. REPEAT 语句

REPEAT 语句用于循环执行一个语句块，执行的流程是先执行一次循环语句块再进行条件表达式判断，如果条件表达式的值为 TRUE，则循环结束，否则再重复执行一次循环语句块，REPEAT 语句的语法格式如下。

```
[repeat_lable:] REPEAT
    statement_list
    UNTIL expr_condition
    END REPEAT [repeat_lable];
```

其中，repeat_lable 为循环标记名称，是可选的；statement_list 中的语句将会被循环执行，直到 expr_condition 表达式的值为 TRUE 时才结束循环。

以下代码为使用 REPEAT 语句计算 $1+2+3+\cdots+100$。

```
CREATE PROCEDURE Repeatexample()
BEGIN
  DECLARE sum INT DEFAULT 0;
  DECLARE i INT DEFAULT 1;
    REPEAT -- 循环开始
        SET sum = sum + i;
        SET i = i + 1;
        UNTIL i > 100
    END REPEAT; -- 循环结束
  SELECT sum; -- 输出结果
END
```

7. WHILE 语句

WHILE 语句也用于循环执行一个语句块，但是与 REPEAT 语句不同，WHILE 语句在执行时会首先判断条件表达式是否为 TRUE，如果为 TRUE 则继续执行一次循环语句块，执行完后再判断条件表达式。如果条件表达式的值为 FALSE，则直接退出循环，WHILE 语句的语法格式如下。

```
[while_lable:] WHILE expr_condition DO
    Statement_list
  END WHILE [while_lable];
```

其中，while_lable 为 WHILE 语句的标记名称；expr_condition 为逻辑表达式，值为 TRUE 时 Statement_list 中的语句将会被循环执行，直至 expr_condition 的值为 FALSE 时退出循环。

以下代码为使用 WHILE 语句计算 $1+2+3+\cdots+100$。

```
DECLARE i INT DEFAULT 0;
DECLARE sum INT DEFAULT 0;
```

```
WHILE i < 100 DO
    SET i = i + 1;
    SET sum = sum + i;
END WHILE;
```

7.1.4　游标

使用 SQL 语句对表中数据进行查询时,可能返回很多条记录。如果需要对查询结果集中的多条记录进行逐条读取,则需要使用游标。

1. 游标的声明

要使用游标对查询结果集中的数据进行处理,首先需要声明游标。游标的声明必须在声明变量和条件之后、声明处理程序之前,游标的声明语法格式如下。

```
DECLARE cursor_name CURSOR FOR select_statement;
```

其中,cursor_name 表示游标的名字; select_statement 是游标的 SELECT 语句,返回一个用于创建游标的查询结果集。下面的代码声明了一个名为 cur_teacher 的游标。

```
DECLARE cur_teacher CURSOR FOR SELECT name, age
FROM teacher;
```

在上面的示例代码中,游标的名称为 cur_teacher,SELECT 语句的作用是从 teacher 表中查询出所有记录的 name 和 age 字段值。

2. 游标的使用

游标在使用之前必须先打开。MySQL 中使用 OPEN 关键字打开游标。从游标查询结果集中取出一条记录可用 FETCH 语句,其语法格式如下。

```
OPEN cursor_name ;
FETCH cursor_name INTO var_name[,var_name … ] ;
```

其中,cursor_name 表示游标的名称; var_name 是一个变量,用于存储从游标查询结果集取出的一条记录中一个字段的值。变量必须在声明游标之前就定义好。游标查询结果集中有多少个字段,FETCH 语句中就必须有多少个变量来存放对应字段的值。每执行一次FETCH 语句,从查询结果集中取出一条记录,将该记录字段的值送入指定的变量,通过循环可以逐条访问查询结果集中的所有记录。

如下代码使用名为 cur_teacher 的游标,将查询结果集中一条记录的 name 和 age 字段的值存入 teacher_name 和 teacher_age 变量中。

```
FETCH cur_teacher INTO teacher_name,teacher_age;
```

注意:teacher_name 和 teacher_age 变量必须在声明游标之前定义。

3. 游标的关闭

MySQL 中使用 CLOSE 关键字来关闭游标,其语法格式如下。

```
CLOSE cursor_name;
```

其中,cursor_name 表示游标的名称。

如下代码关闭了名为 cur_teacher 的游标。

```
CLOSE cur_teacher;
```

游标关闭之后就不能再使用 FETCH 语句从游标查询结果集中取出数据了。

以下代码使用游标查询并显示了 teacher 表中所有教师的姓名 tname 和学历 tedu 字段的信息。

```
CREATE PROCEDURE getResult()
BEGIN
  DECLARE no_more_record INT DEFAULT 0;
  DECLARE t_name varchar(20);
  DECLARE t_edu varchar(20);
  DECLARE cur_record CURSOR FOR SELECT tname,tedu FROM teacher; /* 对游标进行定义 */
  DECLARE CONTINUE HANDLER FOR NOT FOUND SET no_more_record = 1; /* 错误处理,针对 NOT FOUND 错
误,当没有记录时将 no_more_record 赋值为 1 */
  OPEN cur_record; /* 使用 OPEN 语句打开游标 */
  WHILE no_more_record!= 1
  DO
    FETCH cur_record INTO t_name, t_edu;
    SELECT t_name, t_edu;
  END WHILE;
  CLOSE cur_record; /* 使用 CLOSE 语句把游标关闭 */
END
```

7.2　存储过程概述

存储过程是数据库服务器上一组预先编译好的 SQL 语句的集合,作为一个对象存储在数据库中,可以被应用程序作为一个整体来调用。在调用过程中,存储过程可以从调用者那里接收输入参数,执行后再通过输出参数向调用者返回处理结果。

在 MySQL 操作过程中,数据库开发人员可以根据实际需要,把数据库操作过程中频繁使用的一些 MySQL 代码封装在一个存储过程中,需要执行这些 MySQL 代码时则对存储过程进行调用,从而提高程序代码的复用性。

7.2.1　存储过程的基本概念

观看视频

在进行数据库开发的过程中,数据库开发人员经常把一些需要反复执行的代码放在一个独立的语句块中。这些能实现一定具体功能、独立放置的语句块,称为"过程"（Procedure）。MySQL 的存储过程,就是为了完成某一特定功能,把一组 SQL 语句集合经过编译后作为一个整体存储在数据库中。当用户需要时,可以通过存储过程名来调用存储过程。

存储过程增强了 SQL 编程的灵活性,提高了数据库应用程序的运行效率,增强了代码的复用性和安全性,同时也使程序代码维护起来更加容易,从而大大减少了数据库开发人员的工作量,缩短了整个数据库程序的开发时间。

7.2.2　存储程序的类型

在 MySQL 中,存储程序的方式主要分为以下四种。

（1）存储函数（Stored Function）。根据调用者提供的参数进行处理，最终返回调用者一个值作为函数处理结果。

（2）存储过程（Stored Procedure）。一般用来完成运算或处理，并不返回结果。需要时可以把处理结果以输出参数的形式传递给调用者。

（3）触发器（Trigger）。当执行 INSERT、UPDATE、DELETE 等操作时，将会引发与之关联的触发器自动执行。

（4）事件（Event）。事件是根据时间调度器在预定时间自动执行的存储程序。

7.2.3 存储过程的作用

MySQL 存储过程具有以下作用。

（1）存储过程的使用提高了程序设计的灵活性。存储过程可以使用流程控制语句组织程序结构，方便实现结构较复杂的程序的编写，使设计过程具有很强的灵活性。

（2）存储过程把一组功能代码作为单位组件。一旦被创建，存储过程作为一个整体，可以被其他程序多次反复调用。对于数据库程序设计人员，可以根据实际情况，对存储过程进行维护，不会对调用程序产生不必要的影响。

（3）使用存储过程有利于提高程序的执行速度。在数据库操作中，因为存储过程在执行之前已经被预编译，对于包含大量 SQL 代码或者需要被反复执行的代码段，使用存储过程会大大提高其执行速度。相对于存储过程，批处理的 SQL 语句段在每次运行之前都要进行编译，导致运行速度较慢。

（4）使用存储过程能减少网络访问的负荷。在访问网络数据库的过程中，如果采用存储过程的方式对 SQL 语句进行组织，当需要调用存储过程时，仅需在网络中传输调用语句即可，从而大大减少了网络的流量和负载。

（5）作为一种安全机制，系统管理员可以充分利用存储过程对相应数据的访问权限进行限制，从而避免非授权用户的非法访问，进一步保证数据访问的安全性。

7.3 创建和调用存储过程

创建存储过程的语法格式如下。

```
CREATE PROCEDURE sp_name([proc_parameter[,…]])
[characteristic…]
routine_body
```

其中：

（1）proc_parameter：[IN|OUT|INOUT]param_name type。

（2）characteristic：LANGUAGE SQL|[NOT]DETERMINISTIC|{CONTAINS SQL|NO SQL|READS SQL DATA|MODIFIES SQL DATA}|SQL SECURITY{DEFINER|INVOKER}|COMMENT 'string'。

参数说明如下。

（1）sp_name：存储过程的名称。建立这个名称时，要避免和 MySQL 内置函数的名称相同。

（2）proc_parameter：存储过程的参数列表，其中 param_name 为参数的名称，type 为参数的数据类型。当需要多个参数时，各参数之间要用逗号分开。输入参数、输出参数和输入输出参数分别用 IN、OUT、INOUT 标识。参数的取名要避免和数据表的字段名相同。

（3）characteristic：存储过程的特征参数，其中 CONTAINS SQL 表示存储程序不包含读或写数据的语句；NO SQL 表示存储程序不包含 SQL 语句；READS SQL DATA 表示存储过程包含读数据的语句，但不包含写数据的语句；MODIFIES SQL DATA 表示存储过程包含写数据的语句；SQL SECURITY{DEFINER|INVOKER}指明谁有权限来执行存储过程，DEFINER 表示只有定义者自己才能够执行存储过程，INVOKER 表示调用者可以执行存储过程；COMMENT 'string'是注释信息。如果这些特征没有明确给定，默认的是 CONTAINS SQL。

（4）routine_body：表示存储过程的程序体，包含了在存储过程调用时必须执行的 SQL 语句。以 BEGIN 开始，以 END 结束。如果存储过程的程序体中仅有一条 SQL 语句，可以省略 BEGIN 和 END 标志。

观看视频

7.3.1　创建和调用不带输入参数的存储过程

创建不带输入参数的存储过程，其语法格式如下。

```
CREATE PROCEDURE sp_name()
    BEGIN
    MySQL 语句;
END;
```

其中，sp_name 为存储过程名称。

【例 7-9】　在 jwsystem 数据库中创建一个名为 sp_teacher1 的存储过程。该存储过程输出 teacher 表中所有 tedu 字段为"硕士研究生"的记录，对应的 SQL 语句如下。

```
DELIMITER //
CREATE PROCEDURE sp_teacher1()
BEGIN
  SELECT * FROM teacher WHERE tedu = '硕士研究生';
END; //
DELIMITER ;
```

注意：结束符的作用就是告诉 MySQL 解释器，该段命令已经结束，MySQL 可以执行了。默认情况下，结束符是分号（;）。在客户端命令行中，如果有一行命令以分号结束，那么按 Enter 键后，MySQL 将会执行该命令。由于存储过程包含多条语句，并且每条语句以";"结束，所以必须先改变结束符。改变结束符可以使用 DELIMITER 语句。例 7-9 中"DELIMITER //"语句的作用就是把结束符临时改为"//"，存储过程语句输入结束后，再用"DELIMITER ;"语句把结束符改回";"。

存储过程创建成功后，用户就可以执行存储过程了。执行不带参数的存储过程的语法格式如下。

```
CALL sp_name();
```

其中，sp_name 为存储过程名称。

【例7-10】　执行例7-9中创建的存储过程sp_teacher1,对应的SQL语句如下。

```
USE JwSystem;
CALL sp_teacher1();
```

执行结果如图7-9所示。

信息	结果1	剖析	状态	
tno	tname	tgender	tedu	tpro
1003	胡祥	男	硕士研究生	副教授
1004	何纯	女	硕士研究生	副教授
1005	刘小娟	女	硕士研究生	讲师
1006	章梓雷	男	硕士研究生	讲师
1012	李连杰	男	硕士研究生	讲师

图7-9　执行存储过程sp_teacher1

7.3.2　创建和调用带输入参数的存储过程

观看视频

1. 创建带输入参数的存储过程

输入参数指由调用程序向存储过程传递的参数,在创建存储过程时定义输入参数,在调用存储过程时给出相应的参数值。

在例7-9中,存储过程sp_teacher1只能对"硕士研究生"这个给定的学历进行查询。要让用户能够按任意给定的学历进行查询,也就是说,每次查询的学历是可变的,这时就要用到输入参数了。

【例7-11】　在jwsystem数据库中创建一个名为sp_teacher2的存储过程,该存储过程能根据用户给定的学历进行查询并返回teacher表中对应的记录。

分析:在例7-9的语句"SELECT * FROM teacher WHERE tedu='硕士研究生'"中,将学历"硕士研究生"用变量代替,上述语句可以写为"SELECT * FROM teacher WHERE tedu=vartedu",其中变量vartedu取代了原本的固定值"硕士研究生"。同时,由于使用了变量,因此需要定义变量,而且由于该变量要存储字段tedu的值,因此该变量的数据类型应和学历tedu字段的数据类型兼容,可以把vartedu设为20位可变长字符串类型。

对应的SQL语句如下。

```
USE JwSystem;
DELIMITER //
CREATE PROCEDURE sp_teacher2(IN vartedu varchar(20))
BEGIN
  SELECT * FROM teacher WHERE tedu = vartedu;
END; //
DELIMITER ;
```

2. 调用带输入参数的存储过程

执行带输入参数的存储过程有两种方法:一种是使用变量名传递参数值,另一种是直接传递一个值给参数。

1) 使用变量名传递参数值

先通过SET @parameter_name=value语句给一个变量设定值,调用存储过程时再用该变量给参数传递值，其语法格式如下。

```
CALL procedure_name ([@parameter_name] [, … n]);
```

【例 7-12】　用变量名传递参数值的方法执行存储过程 sp_teacher2，分别查询学历为"本科"和"博士研究生"的记录，对应的 SQL 语句如下。

```
SET @vartedu = '本科';
CALL sp_teacher2(@vartedu);
SET @vartedu = '博士研究生';
CALL sp_teacher2(@vartedu);
```

2) 按给定表达式值传递参数

在执行存储过程的语句中，直接给定参数的值。采用这种方式传递参数值，给定参数值的顺序必须与存储过程中定义的输入变量的顺序一致，其语法格式如下。

```
CALL procedure_name(value1,value2, … )
```

【例 7-13】　按给定表达式值传递参数的方式执行存储过程 sp_teacher2，分别查找学历为"本科"和"博士研究生"的记录，对应的 SQL 语句如下。

```
CALL sp_teacher2('本科');
CALL sp_teacher2('博士研究生');
```

执行结果如图 7-10 所示。

信息	结果 1	结果 2	剖析	状态
tno	tname	tgender	tedu	tpro
1001	杜倩颖	女	本科	讲师
1002	赵复前	男	本科	讲师

信息	结果 1	结果 2	剖析	状态
tno	tname	tgender	tedu	tpro
1007	胡建君	女	博士研究生	副教授
1008	黄阳	男	博士研究生	讲师
1009	胡冬	男	博士研究生	讲师
1010	许杰	男	博士研究生	教授
1011	李杰	(Null)	博士研究生	副教授

图 7-10　按给定表达式值传递参数的执行结果

观看视频

7.3.3　创建和调用带输出参数的存储过程

如果需要从存储过程中返回一个或多个值，可以在创建存储过程的语句中定义输出参数。定义输出参数，需要在 CREATE PROCEDURE 语句中定义参数时在参数名前面指定 OUT 关键字，语法格式如下。

```
OUT parameter_name datatype[ = default]
```

【例 7-14】　创建存储过程 sp_teacher3，要求能根据用户给定的学历值，统计出 teacher 表的所有教师中学历为该值的教师人数，并将结果以输出变量的形式返回给调用者，对应的 SQL 语句如下。

```
DELIMITER //
CREATE PROCEDURE sp_teacher3(IN vartedu varchar(20),OUT teachernum smallint)
BEGIN
    SELECT COUNT( * ) INTO teachernum FROM teacher WHERE tedu = vartedu;
END//
DELIMITER;
```

【例 7-15】　执行存储过程 sp_teacher3，统计 teacher 表中学历为"硕士研究生"的教师
人数。由于在存储过程 sp_teacher3 中使用了输出参数 teachernum，因此在调用该存储过
程之前，要先设置一个变量来接收存储过程的输出参数，对应的 SQL 语句如下。

```
SET @teachernum = 0;
CALL sp_teacher3('硕士研究生',@teachernum);
SELECT @teachernum;
```

执行结果如图 7-11 所示。

图 7-11　带输出参数的存储过程 sp_teacher3 的执行结果

【例 7-16】　在 jwsystem 数据库中创建存储过程 sp_teacher4，要求能根据用户给定的
性别，统计 teacher 表中性别为该值的教师人数，并将结果以输出变量的形式返回给用户，
对应的 SQL 语句如下。

```
USE jwsystem;
DELIMITER //
CREATE PROCEDURE sp_teacher4(in_sex char(2),out out_num int)
BEGIN
  IF in_sex = '男' THEN
      SELECT COUNT( * ) INTO out_num FROM teacher
      WHERE tgender = '男';
  ELSE
      SELECT COUNT( * ) INTO out_num FROM teacher
      WHERE tgender = '女';
  END IF;
END//
DELIMITER ;
```

【例 7-17】　执行存储过程 sp_teacher4，统计 teacher 表中性别为"男"的教师人数，对应
的 SQL 语句如下。

```
SET @out_num = 0;
CALL sp_teacher4('男',@out_num);
SELECT @out_num;
```

执行结果如图 7-12 所示。

图 7-12　带输出参数的存储过程 sp_teacher4 的执行结果

7.4　管理存储过程

7.4.1　查看存储过程

观看视频

存储过程创建后被存储在 information_schema 数据库的 ROUTINES 表中，其源代码被存放在系统数据库 mysql 的 proc 表中。可以使用以下两种方法来显示数据库内存储过程的列表。

（1）SELECT name FROM mysql. proc WHERE db= '数据库名'。

（2）SELECT routine_name FROM information_schema. ROUTINES WHERE routine_schema= '数据库名'。

使用"SHOW PROCEDURE status WHERE db= '数据库名'"可以显示数据库内存储过程的名称和详细信息。

【例 7-18】　查看 jwsystem 数据库内存储过程的信息，对应的 SQL 语句如下。

```
USE jwsystem;
SELECT * FROM mysql. proc WHERE db = 'jwsystem';
```

使用"SHOW CREATE PROCEDURE 数据库. 存储过程名;"可以查看指定存储过程的定义语句等信息。

【例 7-19】　查看存储过程 p_teacher3 的定义语句等信息，对应的 SQL 语句如下。

```
USE jwsystem;
SHOW CREATE PROCEDURE p_teacher3;
```

执行结果如图 7-13 所示。

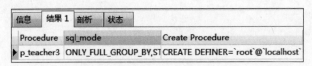

图 7-13　查看存储过程 p_teacher3 的定义语句等信息

7.4.2　修改存储过程

修改存储过程是由 ALTER PROCEDURE 语句来完成的，其语法格式如下。

```
ALTER PROCEDURE sp_name [characteristic…];
```

参数说明如下。

（1）sp_name 参数表示存储过程或函数的名称。

（2）characteristic 参数指定存储函数的特性。其内容和含义参照存储过程的定义语句。

注意：使用 ALTER 语句只能修改存储过程的特性。如果要重新定义已有的存储过程，建议先删除该存储过程，然后再进行创建。

【例 7-20】　修改存储过程 p_teacher1 的定义，将读写权限改为 MODIFIES SQL DATA，并指明调用者可以执行，对应的 SQL 语句如下。

```
ALTER PROCEDURE sp_teacher1
    MODIFIES SQL DATA
    SQL SECURITY INVOKER;
```

【例 7-21】 查询修改后的存储过程 p_teacher1 的信息，对应的 SQL 语句如下。

```
SELECT SPECIFIC_NAME,SQL_DATA_ACCESS,SECURITY_TYPE
FROM information_schema.ROUTINES
WHERE ROUTINE_NAME = 'p_teacher1';
```

执行结果如图 7-14 所示。

图 7-14　修改后的存储过程 p_teacher1 的信息

由查询结果可以看出，访问数据的权限（SQL_DATA_ACCESS）已经变成了 MODIFIES SQL DATA，安全类型（SECURITY_TYPE）已经变成了 INVOKER。

7.4.3　删除存储过程

存储过程的删除是通过 DROP PROCEDURE 语句来实现的，其语法格式如下。

```
DROP PROCEDURE [IF EXISTS] sp_name;
```

删除时如果存储过程不存在，使用 IF EXISTS 语句可以防止发生错误。

【例 7-22】 删除 jwsystem 数据库中的存储过程 p_teacher2，对应的 SQL 语句如下。

```
USE jwsystem;
DROP PROCEDURE p_teacher2;
```

执行结果如图 7-15 所示。

图 7-15　删除存储过程 p_teacher2

7.5　存储函数

7.5.1　存储过程与存储函数的联系与区别

观看视频

存储函数和存储过程在结构上很相似，都是由 SQL 语句和过程式语句组成的代码段，都可以被其他应用程序或 SQL 语句所调用。但是它们之间是有区别的，主要区别如下。

（1）存储函数由于本身就要返回处理的结果，因此不需要输出参数，而存储过程则需要用输出参数返回处理结果。

（2）存储函数不需要使用 CALL 语句进行调用，而存储过程必须使用 CALL 语句进行调用。

（3）存储函数必须使用 RETURN 语句返回结果，存储过程不需要 RETURN 语句返回结果。

7.5.2　创建和执行存储函数

在 MySQL 中，创建存储函数的基本语法格式如下。

观看视频

```
CREATE FUNCTION fn_name ([func_parameter[, … ]])
RETURNS type
[characteristic … ]
routine_body
```

参数说明如下。

（1）fn_name：创建的存储函数的名字。

（2）RETURNS type 子句：用于声明存储函数返回值的数据类型。

其余参数和创建存储过程语句中的含义一样。

【例 7-23】　创建一个存储函数，返回两个数中的最大数。

（1）创建存储函数 maxNumber，对应的 SQL 语句如下。

```
DELIMITER //
CREATE FUNCTION maxNumber(x SMALLINT UNSIGNED, y SMALLINT UNSIGNED)
RETURNS SMALLINT
  BEGIN
  DECLARE max SMALLINT UNSIGNED DEFAULT 0;
    IF x > y
    THEN SET max = x;
    ELSE SET max = y;
    END IF;
  RETURN max;
  END//
DELIMITER;
```

（2）调用存储函数 maxNumber，SQL 语句如下。

```
SET @num1 = 10;
SET @num2 = 20;
SET @result = maxNumber(@num1,@num2);
SELECT @result;
```

执行结果如图 7-16 所示。

图 7-16　调用存储函数 maxNumber

【例 7-24】　创建一个存储函数，计算 1～100（含 1,100）的整数之和。

（1）创建存储函数 addSum，对应的 SQL 语句如下。

```
DELIMITER //
CREATE FUNCTION addSum()
RETURNS SMALLINT
```

```
  BEGIN
  DECLARE i INT DEFAULT 0;
  DECLARE sum INT DEFAULT 0;
  Sum_loop:LOOP
      SET i = i + 1;
      SET sum = sum + i;
      IF i > = 100 THEN LEAVE Sum_loop;
      END IF;
  END LOOP Sum_loop;
  RETURN sum;
  END//
DELIMITER ;
```

（2）调用存储函数 addSum，SQL 语句如下。

```
SET @result = addSum();
SELECT @result;
```

执行结果如图 7-17 所示。

图 7-17　调用存储函数 addSum

7.5.3　查看存储函数

与存储过程相同，存储函数被创建之后，用户也可以使用同样的方法来查看用户创建的存储函数的相关信息。可以使用以下两种方法显示数据库内存储函数的列表。

（1）SELECT name FROM mysql. proc WHERE db = '数据库名'。

（2）SELECT routine_name FROM information_schema. ROUTINES WHERE routine_schema = '数据库名'。

使用"SHOW PROCEDURE status WHERE db = '数据库名'"可以显示数据库内所有存储函数的名称和存储函数的详细信息。使用"SHOW CREATE FUNCTION 数据库.存储函数名"可以查看指定存储函数的定义信息。

7.5.4　删除存储函数

存储函数的删除是通过 DROP FUNCTION 语句来实现的，其语法格式如下。

```
DROP FUNCTION [IF EXISTS] fn_name;
```

例如，删除 addSum 函数可以使用如下命令。

```
DROP FUNCTION addSum;
```

7.5.5　MySQL 的系统函数

为了能更好地为用户服务，MySQL 提供了丰富的系统函数，这些函数无须定义就能直接使用，其中包括数学函数、聚合函数、字符串函数、日期和时间函数等。

观看视频

观看视频

观看视频

1. 数学函数

ABS(x)：返回 x 的绝对值。

BIN(x)：返回 x 的二进制值。

CEILING(x)：返回大于或等于 x 的最小整数值。

EXP(x)：返回自然对数 e 的 x 次方。

FLOOR(x)：返回小于或等于 x 的最大整数值。

LN(x)：返回 x 的自然对数。

LOG(x,y)：返回 x 以 y 为底的对数。

MOD(x,y)：返回 x/y 的余数。

PI()：返回圆周率的值。

RAND()：返回 0～1 内的随机数。

ROUND(x,y)：返回 x 四舍五入到 y 位小数的值。

SIGN(x)：返回 x 的符号。其中-1 代表负数,1 代表正数,0 代表 0。

SQRT(x)：返回 x 的平方根。

2. 字符串函数

ASCII(char)：返回字符的 ASCII 码值。

CONCAT(s1,s2,…,sn)：将字符串 s1,s2,…,sn 连接成一个字符串。

LCASE(str)或 LOWER(str)：返回将字符串 str 中所有字符改变为小写字母后的结果。

UCASE(str)或 UPPER(str)：返回将字符串 str 中所有字符改变为大写字母后的结果。

LEFT(str,x)：返回字符串 str 中最左边的 x 个字符。

RIGHT(str,x)：返回字符串 str 中最右边的 x 个字符。

LENGTH(s)：返回字符串 str 中的字符数。

LTRIM(str)：从字符串 str 中去掉开头的空格。

RTRIM(str)：从字符串 str 中去掉尾部的空格。

TRIM(str)：去除字符串 str 首部和尾部的所有空格。

POSITION(substr,str)：返回子串 substr 在字符串 str 中第一次出现的位置。

REVERSE(str)：返回颠倒字符串 str 后的结果。

STRCMP(s1,s2)：比较字符串 s1 和 s2 的大小,s1 大于 s2 时返回 1,s1 等于 s2 时返回 0,s1 小于 s2 时返回-1。

3. 日期和时间函数

CURDATE()或 CURRENT_DATE()：返回系统当前的日期。

CURTIME()或 CURRENT_TIME()：返回系统当前的时间。

DAYOFWEEK(date)：返回日期 date 是一个星期的第几天(1～7)。

DAYOFMONTH(date)：返回日期 date 是一个月的第几天(1～31)。

DAYOFYEAR(date)：返回日期 date 是一年的第几天(1～366)。

HOUR(time)：返回时间 time 的小时值(0～23)。

MINUTE(time)：返回时间 time 的分钟值(0～59)。

MONTH(date)：返回日期 date 的月份值(1~12)。

MONTHNAME(date)：返回日期 date 的月份名。

NOW()：返回系统当前的日期和时间。

QUARTER(date)：返回日期 date 在一年中所处的季度(1~4)。

WEEK(date)：返回日期 date 为一年中的第几周(0~53)。

YEAR(date)：返回日期 date 的年份(1000~9999)。

7.6 触发器

7.6.1 触发器概述

观看视频

触发器(Trigger)是一种特殊的存储过程,它也是嵌入 MySQL 中的一段程序。和存储过程不同的是,触发器不需要使用 CALL 语句调用,也不需要手工启动。触发器是由事件来触发某个操作过程的,事件包括 INSERT、UPDATE 和 DELETE 语句。当一个预定义的事件发生时,触发器才会自动执行。

触发器是用来保护表中数据的。触发器基于一张表创建,但是可以针对多张表进行操作,所以,触发器可用来对表实施复杂的完整性约束。例如,当要修改 jwsystem 数据库中 course 表中一门课程的 cno(课程编号)时,该课程在 elective 表中的所有数据也要同时更新。通过定义 UPDATE 触发器可以实现这一操作,触发器可以用来对表实施复杂的完整性约束。触发器具有以下优点。

(1) 触发器可以自动执行。当对表进行 INSERT、UPDATE、DELETE 操作,试图修改表中的数据时,相应操作的触发器立即自动执行。

(2) 触发器可以对数据库中相关表进行层叠更改。这比直接把代码写在前端的做法更安全合理。

(3) 触发器可以实现表的约束实现不了的复杂约束。在触发器中可以引用其他表中的字段,从而实现多表之间的复杂约束。

(4) 触发器可以维护冗余数据,实现外键级联等。

7.6.2 创建触发器

创建触发器用 CREATE TRIGGER 语句,CREATE TRIGGER 语句的语法格式如下。

```
CREATE TRIGGER 触发器名
AFTER/BEFORE INSERT/UPDATE/DELETE
ON 表名
FOR EACH ROW
  BEGIN
    SQL 语句;#触发程序
END;
```

(1) 触发器是数据库对象,因此创建触发器时,需要指定该触发器属于哪一个数据库。

(2) 触发器是在表上创建的。这张表必须是基表,不能是临时表,也不能是视图。

(3) MySQL 触发器的触发事件有三种：INSERT、UPDATE、DELETE。

① INSERT：将新记录插入表时激活触发程序。

② UPDATE：更改表中的记录时激活触发程序。

③ DELETE：从表中删除记录时激活触发程序。

（4）触发器的触发时间有两种：BEFORE 和 AFTER。BEFORE 表示在触发事件发生之前执行触发程序，AFTER 表示在触发事件发生之后执行触发程序。

（5）FOR EACH ROW 表示行级触发器。目前，MySQL 仅支持行级触发器，不支持语句级别的触发器。FOR EACH ROW 表示 INSERT、UPDATE、DELETE 操作影响的每一条记录都会执行一次触发程序。

（6）触发程序中的 SELECT 语句不能产生结果集。

（7）触发程序中可以使用 OLD 关键字与 NEW 关键字。

① 当向表中插入新记录时，在触发程序中可以使用 NEW 关键字表示新记录。当需要访问新记录中的某个字段时，可以使用"NEW. 字段名"进行访问。

② 当从表中删除某条旧记录时，在触发程序中可以使用 OLD 关键字表示删除的旧记录。当需要访问删除的旧记录中的某个字段时，可以使用"OLD. 字段名"进行访问。

③ 当修改表中的某条记录时，在触发程序中可以使用 NEW 关键字表示修改后的记录，使用 OLD 关键字表示修改前的记录。当需要访问修改后的记录中的某个字段时，可以使用"NEW. 字段名"进行访问。当需要访问修改前的记录中的某个字段时，可以使用"OLD. 字段名"进行访问。

④ OLD 记录是只读的，在触发程序中只能引用它，不能更改它。在 BEFORE 触发程序中，可使用"SET NEW. 字段名＝值"更改 NEW 记录的值。但在 AFTER 触发程序中，不能使用"SET NEW. 字段名＝值"更改 NEW 记录的值。

⑤ 对于 INSERT 操作，只有 NEW 关键字是合法的；对于 DELETE 操作，只有 OLD 关键字是合法的；对于 UPDATE 操作，NEW 关键字和 OLD 关键字都是合法的。

7.6.3 触发器的使用

观看视频

1. 使用触发器实现检查约束

在 MySQL 中，可以使用复合数据类型 SET 或 ENUM 对字段的取值范围进行检查约束，也可以实现对离散的字符串类型数据的检查约束。对于数值类型的字段，不建议使用 SET 或者 ENUM 数据类型实现检查约束，可以使用触发器实现。

【**例 7-25**】 使用触发器实现检查约束，在向 elective 表中插入记录时，score 字段的值或者为空，或者取值为 0～100。如果 score 字段的值不满足要求，小于 0 则填入 0，大于 100 则填入 100。

（1）创建触发器 tr_elective_insert，对应的 SQL 语句如下。

```
USE jwsystem;
DELIMITER //
CREATE TRIGGER tr_elective_insert BEFORE INSERT ON elective FOR EACH ROW
  BEGIN
    IF(NEW.score IS NOT NULL&&NEW.score < 0)
    THEN
      SET NEW.score = 0;
```

```
        ELSEIF(NEW.score IS NOT NULL&&NEW.score>100)
        THEN
            SET NEW.score = 100;
        END IF;
END//
DELIMITER ;
```

这个触发器的触发时间是 BEFORE，即将记录插入表之前，先执行触发程序。在触发程序中判断新插入的记录的 score 字段的值是否小于 0 或者大于 100，若是，将 score 字段的值改为 0 或 100，再插入表中。

（2）在 elective 表中插入一行新记录，用一条 INSERT 语句测试 tr_elective_insert 触发器，对应的 SQL 语句如下。

```
INSERT INTO elective VALUES('200199','Z001',200);
```

执行结果如图 7-18 所示。

图 7-18　tr_elective_insert 触发器实现检查约束

由图 7-18 中可以看出，当向 elective 表中插入新的一行时，INSERT 语句引发触发器执行触发动作，即如果 score 字段的值大于 100 则填入 100。

【例 7-26】　使用触发器实现检查约束，在修改 elective 表的记录时，记录的 score 字段值或者为空，或者取值为 0～100。如果 score 字段的值不满足要求，则记录不允许修改。

（1）创建触发器 tr_elective_UPDATE，对应的 SQL 语句如下。

```
USE jwsystem;
DELIMITER //
    CREATE TRIGGER tr_elective_UPDATE BEFORE UPDATE on elective
    FOR EACH ROW
        BEGIN
            IF(NEW.score IS NOT NULL&&NEW.score NOT BETWEEN 0 AND 100)
            THEN
                SET NEW.score = OLD.score;
            END IF;
        END //
DELIMITER;
```

注意：这里，触发器中的 OLD 用于标识触发事件 UPDATE 中更新前对应的行，NEW 用于标识更新后对应的行。

（2）以更新学号为 200199 的同学的 Z003 课程的成绩为例，用一条 UPDATE 语句测试

tr_elective_UPDATE 触发器，对应的 SQL 语句如下。

```
UPDATE elective SET score = 220 WHERE sno = '200199' AND cno = 'Z003';
SELECT * FROM elective;
```

执行结果如图 7-19 所示。

图 7-19　tr_elective_UPDATE 触发器实现检查约束

从图 7-19 中可以看出，当修改 elective 表中学号为 200199 的同学的 Z003 课程的成绩时，因为 220 不满足 score 字段值或者为空，或者取值为 0～100 这个条件，所以记录不允许修改，也就是 score 字段值的值仍然为 71，这是因为 UPDATE 语句引发触发器执行了触发动作。

注意：这个触发器的触发时间是 BEFORE，在记录的更新操作执行前，先执行触发程序。再在触发程序中判断更新的 score 字段的值是不是满足要求，如果不满足，则将要更新的 score 字段的值修改为原来 score 字段的值，然后再对记录进行更新操作。

2. 使用触发器维护冗余数据

冗余的数据需要额外维护。维护冗余数据时，为了避免数据不一致问题的发生，最好交由系统（如触发器）自动维护。

【例 7-27】 使用触发器实现：当一位学生退学时，将该学生的信息放入 old_stuInfo 表中。old_stuInfo 表的结构如图 7-20 所示。

图 7-20　old_stuInfo 表的结构

（1）创建触发器 tr_stuInfo_delete，对应的 SQL 语句如下。

```
USE jwsystem;
DELIMITER //
CREATE TRIGGER tr_stuInfo_delete AFTER DELETE on studentInfo
FOR EACH ROW
BEGIN
    INSERT INTO old_stuInfo(sno, sname, sgender, sbirth, sclass)
    VALUES(OLD. sno, OLD. sname, OLD. sgender, OLD. sbirth, OLD. sclass);
END //
DELIMITER;
```

（2）先用 SELECT 语句查询 studentInfo 表的数据,查询结果如图 7-21 所示。

信息	结果 1	剖析	状态		
sno	sname	sgender	sbirth	sclass
200198	胡林娇	女	2000-01-02	测试2001
200199	萤海霞	女	2000-01-02	测试2001
▸ 200200	周航	男	2001-10-20	.NET2002
200201	张明	男	2000-01-19	JAVA2001

图 7-21　查询 studentInfo 表记录的结果

（3）下面用一条 DELETE 语句测试 tr_stuInfo_delete 触发器。将 studentInfo 表中学号为 200201 的记录删除,对应的 SQL 语句如下。

```
DELETE FROM studentInfo WHERE sno = '200201';
```

执行上述命令后,查看 old_stuInfo 表中的数据,如图 7-22 所示。

信息	结果 1	剖析	状态		
sno	sname	sgender	sbirth	sclass
▸ 200201	张明	男	2000-01-19	Java2001

图 7-22　删除学号为"200201"学生后的 old_stuInfo 表记录

从图 7-22 中可以看出,当删除 studentInfo 表中的学号为 200201 的记录后,该学生的记录会"复制"到 old_stuInfo 表中,这是因为 DELETE 语句引发触发器执行了触发动作。

3. 使用触发器实现外键级联选项

对于使用 InnoDB 存储引擎的表而言,可以通过设置外键级联选项 CASCADE、SET NULL 或者 NO ACTION(RESTRICT),将外键约束关系交由 InnoDB 存储引擎自动维护。外键级联选项 CASCADE、SET NULL 或者 NO ACTION(RESTRICT)的含义如下。

（1）CASCADE:当从主表中删除或更新对应的行时,同时自动删除或更新从表中匹配的行。ON DELETE CASCADE 和 ON UPDATE CASCADE 都被 InnoDB 存储引擎所支持。

（2）SET NULL:从主表中删除或更新对应的行时,同时将从表中的外键列设为空。注意,在外键列没有被约束为 NOT NULL 时才有效。ON DELETE SET NULL 和 ON UPDATE SET NULL 都被 InnoDB 存储引擎所支持。

（3）NO ACTION:InnoDB 存储引擎拒绝删除或者更新主表。

（4）RESTRICT:拒绝删除或者更新主表。指定 RESTRICT(或者 NO ACTION)和忽略 ON DELETE 或者 ON UPDATE 选项的效果是一样的。

对于使用 InnoDB 存储引擎的表之间存在外键约束关系但是没有设置级联选项或者使用的数据库表为 MyISAM(MyISAM 表不支持外键约束关系)时,可以使用触发器来实现外键约束之间的级联选项。

【例 7-28】　创建"后勤管理(rear_service)"数据库,数据库中有学生表 stu 和宿舍表 dorm,学生表 stu 中有学号 sno、姓名 sname、性别 sgender、班级 sclass 等字段,主键为学号 sno 字段,宿舍表 dorm 中有宿舍号 dno、床位号 bno、学号 sno 等字段,宿舍号 dno 和床位号 bno 字段联合起来做主键,分别用触发器实现宿舍表 dorm 的学号 sno 字段和学生表 stu 的学号 sno 字段之间的外键级联选项 CASCADE、SET NULL，对应的 SQL 语句如下。

（1）创建"后勤管理"数据库。

```
CREATE DATABASE rear_service;
```

（2）创建学生表 stu 和宿舍表 dorm。

```
USE rear_service;
CREATE TABLE stu
(
sno CHAR(8) PRIMARY KEY,
sname VARCHAR(10),
sgender CHAR(1),
sclass VARCHAR(20)
);
CREATE TABLE dorm
(
dno SMALLINT,
bno TINYINT,
sno CHAR(8),
PRIMARY KEY(dno,bno)
);
```

（3）在学生表 stu 和宿舍表 dorm 中插入记录。

```
INSERT INTO stu VALUES("200201","张永峰","男","电子商务101");
INSERT INTO stu VALUES("200202","何小丽","女","电子商务101");
INSERT INTO stu VALUES("200301","王斌","男","JAVA101");
INSERT INTO stu VALUES("200203","刘淑芳","女","电子商务111");
INSERT INTO dorm VALUES(1001,4,"200201");
INSERT INTO dorm VALUES(2001,2,"200202");
INSERT INTO dorm VALUES(1001,1,"200301");
INSERT INTO dorm VALUES(1010,3,"200203");
```

（4）创建触发器 tr_1，实现宿舍表 dorm 中学号 sno 字段和学生表 stu 中学号 sno 字段的外键 CASCADE 级联选项，在学生表 stu 中删除某个学生记录时，宿舍表 dorm 中对应学生的住宿记录也被删除。

```
DELIMITER //
CREATE TRIGGER tr_1 BEFORE DELETE ON stu
FOR EACH ROW
BEGIN
  IF(EXISTS(SELECT * FROM dorm WHERE sno = OLD.sno))
  THEN
    DELETE FROM dorm WHERE sno = OLD.sno;
  END IF;
END //
DELIMITER ;
```

（5）创建触发器 tr_2，实现宿舍表 dorm 中学号 sno 字段和学生表 stu 中学号 sno 字段的外键 SET NULL 级联选项，在学生表 stu 中修改某位学生的学号时，宿舍表中对应学生的学号 sno 字段值设为 Null。

```
DELIMITER //
CREATE TRIGGER tr_2 BEFORE UPDATE ON stu
FOR EACH ROW
BEGIN
  IF(EXISTS(SELECT * FROM dorm WHERE sno = OLD.sno))
  THEN
    UPDATE dorm SET sno = Null WHERE sno = OLD.sno;
  END IF;
END //
DELIMITER;
```

（6）删除学生表 stu 中学号 sno 字段值为 200201 的记录，再将学生表 stu 中学号 sno 字段值从 200202 修改为 200204，查看触发器 tr_1 和 tr_2 的执行结果。

```
DELETE FROM stu WHERE sno = '200201';
UPDATE stu SET sno = '200204' WHERE sno = '200202';
```

在 DELETE 和 UPDATE 语句执行后，两张表中的记录如图 7-23 所示。

信息	结果 1	剖析	状态

sno	sname	sgender	sclass
200203	刘淑芳	女	电子商务111
200204	何小丽	女	电子商务101
200301	王斌	男	Java101

信息	结果 1	剖析	状态

dno	bno	sno
1001	1	200301
1010	3	200203
2001	2	(Null)

图 7-23 触发器实现外键级联选项 CASCADE、SET NULL

7.6.4 查看触发器的定义

观看视频

我们常常使用三种方法查看触发器的定义。

（1）使用 SHOW TRIGGERS 命令查看触发器的定义。使用"SHOW TRIGGERS\G"命令可以查看当前数据库中所有触发器的信息。使用"SHOW TRIGGER LIKE 模式\G"命令可以查看与模式模糊匹配的触发器的信息。

【例 7-29】 查看在前面的 stu 表上创建的触发器的信息，对应的 SQL 语句如下。

```
SHOW TRIGGERS LIKE 'stu%'
```

执行结果如图 7-24 所示。

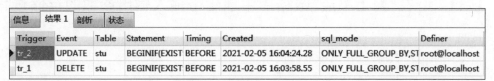

信息	结果 1	剖析	状态					
Trigger	Event	Table	Statement	Timing	Created		sql_mode	Definer
tr_2	UPDATE	stu	BEGINIF(EXIST	BEFORE	2021-02-05 16:04:24.28		ONLY_FULL_GROUP_BY,ST	root@localhost
tr_1	DELETE	stu	BEGINIF(EXIST	BEFORE	2021-02-05 16:03:58.55		ONLY_FULL_GROUP_BY,ST	root@localhost

图 7-24 查看触发器信息

当使用一个含有 SHOW TRIGGERS 的 LIKE 子句时，待匹配的表达式会与触发器定义时所在的表名称相比较,而不与触发器的名称相比较。

（2）使用 SHOW CREATE TRIGGER 命令查看触发器的定义。使用"SHOW CREATE TRIGGER 触发器名"命令可以查看指定名称的触发器的定义。

（3）通过查询 information_schema 数据库中的 triggers 表,可以查看触发器的定义。MySQL 中所有触发器的定义都存放在 information_schema 数据库的 triggers 表中,查询 triggers 表时,可以查看所有数据库中所有触发器的详细信息,查询语句如下。

```
SELECT * FROM information_schema.triggers
```

观看视频

7.6.5　删除触发器

如果不再使用某个触发器,则可以使用 DROP TRIGGER 语句将其删除,DROP TRIGGER 语句的语法格式如下。

```
DROP TRIGGER 触发器名;
```

单元小结

过程式对象是由 SQL 和过程式语句组成的代码式片段,是存放在数据库中的一段程序。MySQL 过程式对象有存储过程、存储函数和触发器。使用过程式对象具有执行速度快、可确保数据库安全等优点。存储过程是存放在数据库中的一段程序,存储过程可以由程序、触发器和另一个存储过程通过 CALL 语句调用来激活。存储函数与存储过程很相似,但不能由 CALL 语句调用,它可以像系统函数一样直接引用。触发器不需要调用,它是由事件来触发某个操作过程的,只有当一个预定义的事件发生时,触发器才会自动执行。

单元实训项目

项目一：在"网上书店"数据库中创建存储过程

目的：
掌握存储过程的创建和执行。
内容：
在"网上书店"数据库中创建一个名为 proc_1 的存储过程,实现查询所有会员信息的功能。

项目二：在"网上书店"数据库中创建带输入输出参数的存储过程

目的：
掌握存储过程中输入、输出参数的使用。
内容：
（1）在"网上书店"数据库中创建一个名为 proc_2 的存储过程,要求实现如下功能：根据会员昵称查询会员的积分情况。然后调用存储过程,查询"平平人生"和"感动心灵"的积分。

（2）在"网上书店"数据库中创建一个名为 proc_3 的存储过程，要求实现如下功能：根据会员昵称查询会员的订购信息，如果该会员没有订购任何图书，则输出"某某会员没有订购图书"的信息；否则输出订购图书的相关信息。然后调用存储过程，显示会员"四十不惑"订购图书的情况。

项目三：在"网上书店"数据库中创建触发器

目的：

掌握触发器的创建和执行。

内容：

在"网上书店"数据库中创建一个名为 tri_1 的触发器，当向订购表中插入记录时，如果订购量小于或等于 0，就将订购量设置为 1。

项目四：在"网上书店"数据库中使用触发器

目的：

掌握触发器的使用。

内容：

（1）在"网上书店"数据库中创建一个名为 tri_2 的触发器，要求实现如下功能：当删除图书类别表中的某个图书类别时，将图书表中对应的图书类别的值设置为 NULL。

（2）在"网上书店"数据库中创建一个名为 tri_3 的触发器，要求实现如下功能：当删除某个会员的时候，自动删除该会员的订购信息。

项目五：在"网上书店"数据库中删除触发器

目的：

掌握触发器的删除。

内容：

删除"网上书店"数据库中的触发器 tri_1。

单元练习题

一、选择题

1. CREATE PROCEDURE 是用来创建（　　）的语句。

  A. 程序   B. 存储过程   C. 触发器   D. 存储函数

2. 要删除一个名为 AA 的存储过程，应该使用命令（　　）PROCEDURE AA。

  A. DELETE   B. ALTER   C. DROP   D. EXECUTE

3. 执行带参数的存储过程，正确的方法为（　　）。

  A. CALL 存储过程名（参数）   B. CALL 存储过程名 参数

  C. 存储过程名＝参数   D. 以上答案都正确

4. 调用存储函数使用（　　）关键字。

  A. CALL   B. LOAD   C. CREATE   D. SELECT

5. ( )语句用来创建一个触发器。
   A. CREATE PROCEDURE　　　　　B. CREATE TRIGGER
   C. DROP PROCEDURE　　　　　　D. DROP TRIGGER
6. 触发器创建在( )上。
   A. 表　　　　　　B. 视图　　　　　　C. 数据库　　　　　　D. 查询
7. 当删除( )时,与它关联的触发器也同时删除。
   A. 视图　　　　　　B. 临时表　　　　　　C. 过程　　　　　　D. 表
8. 在数据库中,为了维护冗余数据,可以使用( )保存数据的一致性。
   A. 索引　　　　　　B. 约束　　　　　　C. 触发器　　　　　　D. 存储过程

二、问答题

1. 什么是存储过程?写出存储过程的创建、修改和删除语句。
2. 什么是存储函数?写出存储函数的创建、查看和删除语句。
3. 什么是触发器?它与存储过程有什么区别与联系?
4. 使用触发器有什么优点?

单元8

事务与锁机制

在线答题

拓展阅读

在软件开发过程中,事务与并发一直是一个令开发者很头疼的问题,在 MySQL 中同样也存在该问题。因此,为了保证数据的一致性和完整性,有必要掌握 MySQL 中的事务机制和锁机制,以及事务的并发问题等内容。

本单元主要学习目标如下:

- 了解事务的概念。
- 了解事务的创建与存在周期。
- 掌握事务的查询和提交。
- 掌握事务行为。
- 掌握锁机制的基本知识。
- 掌握为 MyISAM 表设置表级锁的方法。
- 了解死锁的概念与避免方法。
- 理解事务的隔离级别。

8.1 MySQL 事务概述

观看视频

在 MySQL 中,事务由单独单元的一条或多条 SQL 语句组成,且各条 SQL 语句是相互依赖的。整个单独单元是一个不可分割的整体,一旦其中某条 SQL 语句执行失败或产生错误,整个单元将会回滚,所有受到影响的数据将被返回到事务开始以前的状态。如果单元中的所有 SQL 语句均执行成功,则表明事务被顺利执行。

在现实生活中,事务处理数据的应用非常广泛,如网上交易、银行事务等。下面以网上交易过程为例展示事务的概念。

用户登录电商平台,浏览该网站中的商品,将喜欢的商品放入购物车中,选购完毕后,用户对选购的商品进行在线支付,用户付款完毕,便通知商家发货。在此过程中,用户所付货款并未提交到商户手中,当用户收到商品,确认收货后,商家才会收到商品货款,整个交易过程才算完成。任何一步操作失败,都会导致交易双方陷入尴尬的境地。例如,用户在付款之后取消了订单,此时如果不应用事务处理,商家仍然继续将商品发给用户,这会导致一些不愉快的争端。故在整个交易过程中,必须采用事务对网上交易进行回滚操作。

在网上交易过程中,商家与用户的交易可以看作一个事务处理过程。在交易过程中任一环节失败,如用户放弃下单、用户终止付款、用户取消订单、用户退货等,都可能导致双方的交易失败。应如前面在事务定义中所说,所有语句都应该被成功执行,因为在 MySQL 中任何命令失败都会导致所有操作命令被撤销，系统会返回未操作前的状态，即回滚到初始状态。

通过 InnoDB 和 BDB 类型表，MySQL 事务能够完全满足事务安全的 ACID 测试，但并不是所有表类型都支持事务，如 MyISAM 表类型就不能支持事务，只能通过伪事务对其实现事务处理。如果用户想让数据表支持事务处理能力，必须将当前操作数据表的类型设置为 InnoDB 或 BDB。

事务必须具有 ACID 特性，即原子性（Atomicity）、一致性（Consistency）、隔离性（Isolation）和持久性（Durability）。

（1）原子性。原子性指事务是一个不可分割的逻辑工作单元，事务处理的操作要么全部执行，要么全部不执行。

（2）一致性。一致性指事务在执行前后必须处于一致性状态。如果事务全部正确执行，数据库的变化将生效，从而处于有效状态；如果事务执行失败，系统将会回滚，从而将数据库恢复到事务执行前的有效状态。

（3）隔离性。隔离性指当多个事务并发执行时，各个事务之间不能相互干扰。

（4）持久性。持久性指事务完成后，事务对数据库中数据的修改将永久保存。

8.2　MySQL 事务的创建与存在周期

创建事务的一般过程是：初始化事务、创建事务、应用 SELECT 语句查询数据是否被录入和提交。如果用户不在操作数据库完成后执行事务提交，则系统会默认执行回滚操作。如果用户在提交事务前选择撤销事务，则用户在撤销前的所有事务将被取消，数据库系统会回到初始状态。在创建事务的过程中，用户须创建一个 InnoDB 或 BDB 类型的数据表，其语法格式如下。

```
CREATE TABLE table_name
(field_definitions)
TYPE = INNODB/BDB;
```

其中，table_name 是表名；field_definitions 是表内定义的字段等属性；TYPE 指定数据表的类型，其既可以是 InnoDB 类型，也可以是 BDB 类型。

若用户希望让已经存在的表支持事务处理，则可以使用 ALTER TABLE 命令，指定数据表的类型，其语法格式如下。

```
ALTER TABLE table_name TYPE = INNODB/BDB;
```

用户准备好数据表之后，即可使数据表支持事务处理。

8.2.1　初始化事务

初始化 MySQL 事务，首先声明初始化 MySQL 事务后所有的 SQL 语句为一个单元。在 MySQL 中，应用 START TRANSACTION 命令标记一个事务的开始，初始化事务的语法格式如下。

```
START TRANSACTION;
```

另外,用户也可以使用 BEGIN 或者 BEGIN WORK 命令初始化事务,通常 START TRANSACTION 命令后跟随的是组成事务的 SQL 语句。

如果在用户输入该代码后,MySQL 数据库没有给出警告提示或返回错误,则说明事务初始化成功,用户可以继续执行下一步操作。

8.2.2 创建事务

初始化事务成功后,可以创建事务。

【例 8-1】 创建一个事务,在 teacher 表中插入两条记录,SQL 语句如下。

观看视频

```
START TRANSACTION;
INSERT INTO teacher
VALUES('1014','张君瑞','男','硕士研究生','副教授');
INSERT INTO teacher
VALUES('1015','赵楠','女','博士研究生','教授');
```

执行结果如图 8-1 所示。

图 8-1 创建事务以添加新教师"张君瑞"和"赵楠"

执行上述命令之后,使用 SELECT 语句查询 teacher 表,执行结果如图 8-2 所示。

tno	tname	tgender	tedu	tpro
1012	王娟	女	博士研究生	副教授
1013	李连杰	男	本科	副教授
1014	张君瑞	男	硕士研究生	副教授
1015	赵楠	女	博士研究生	教授

图 8-2 启动事务插入记录后的查询结果

从以上结果来看,似乎已经完成了事务的处理,但是退出数据库重新登录(或者使用其他用户连接 MySQL 服务器)后,再次对 teacher 表进行查询,执行结果如图 8-3 所示。

tno	tname	tgender	tedu	tpro
1010	许杰	男	博士研究生	教授
1011	李东	男	硕士研究生	副教授
1012	王娟	女	博士研究生	副教授
1013	李连杰	男	本科	副教授

图 8-3 退出数据库再次查询 teacher 表的记录

8.2.3　提交事务

观看视频

从例8-1中可以看出，事务中的记录插入操作最终并未完成，这是因为事务未经提交（COMMIT）就已经退出数据库了，由于采用的是手动提交模式，因此事务中的操作被自动取消了。

事务具有孤立性，当事务处在处理过程中时，其实MySQL并未将结果写进磁盘中，即正在处理的事务相对其他用户不可见。一旦数据操作完成，用户可以使用COMMIT命令提交事务，提交事务的命令如下。

```
COMMIT;
```

一旦当前执行事务的用户提交当前事务，其他用户就可以通过会话查询结果。

为了能够把两条记录永久写入数据库中，需要在事务处理结束后加入COMMIT语句来完成整个事务的提交，SQL语句如下。

```
START TRANSACTION;
INSERT INTO teacher
VALUES('1014','张君瑞','男','硕士研究生','副教授');
INSERT INTO teacher
VALUES('1015','赵楠','女','博士研究生','教授');
COMMIT;
```

执行上述命令后，退出数据库重新登录，使用SELECT语句查询teacher表中的记录，执行结果如图8-4所示。

tno	tname	tgender	tedu	tpro
1011	李东	男	硕士研究生	副教授
1012	王娟	女	博士研究生	副教授
1013	李连杰	男	本科	副教授
1014	张君瑞	男	硕士研究生	副教授
1015	赵楠	女	博士研究生	教授

图8-4　提交事务后查询teacher表的结果

一旦当前执行事务的用户提交当前事务，其他用户就可以通过会话查询结果。显然，两条记录永久性地插入teacher表中。

8.2.4　事务回滚

观看视频

事务回滚又被称为撤销事务，即事务被用户开启，用户输入的SQL语句被执行后，尚未使用COMMIT提交前，如果用户想撤销刚才的数据库操作，可使用ROLLBACK命令撤销数据库中的所有变化，命令如下。

```
ROLLBACK;
```

【例8-2】　创建事务，向jwsystem数据库中的teacher表中添加一名新教师"李俊武"（'1016','李俊武','男','硕士研究生','副教授'），然后回滚事务。

（1）初始化事务。

```
START TRANSACTION;
```

（2）添加新记录。

```
INSERT INTO teacher
VALUES('1016','李俊武','男','硕士研究生','副教授');
```

执行结果如图 8-5 所示。

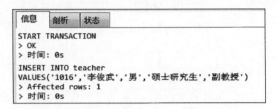

图 8-5　创建事务以添加新教师"李俊武"的数据

（3）使用 SELECT 语句查看该记录是否被成功录入。

```
SELECT * FROM teacher WHERE tname = '李俊武';
```

对于操作事务的用户来说,新数据添加成功了,执行结果如图 8-6 所示。

信息	结果 1	剖析	状态	
tno	tname	tgender	tedu	tpro
1016	李俊武	男	硕士研究生	副教授

图 8-6　查看"李俊武"的数据是否被成功录入

（4）回滚事务。

```
ROLLBACK;
```

（5）再次使用 SELECT 语句查看该记录是否存在。操作已经被回滚,执行结果如图 8-7 所示。

信息	结果 1	剖析	状态	
tno	tname	tgender	tedu	tpro
(N/A)	(N/A)	(N/A)	(N/A)	(N/A)

图 8-7　执行回滚操作后记录被取消

注意：如果执行回滚操作,则在输入 START TRANSACTION 命令后的所有 SQL 语句都将执行回滚操作。因此,在执行事务回滚前,用户需要谨慎选择执行回滚操作。如果用户开启事务后没有提交事务,则事务默认为自动回滚状态,即不保存用户之前的任何操作。

在现实应用中,事务回滚即事务撤销有重要的意义。例如,用户 A 和用户 B 采用银行转账方式交易,用户 A 将个人账户的部分存款转移到用户 B 的个人账户过程中,若银行的数据库系统突然发生错误或异常,则交易事务提交失败,系统执行回滚操作,恢复到交易的初始状态。因此,采用事务回滚可以避免因特殊情况而导致事务提交失败,以及相应的不必要的损失。

8.2.5 事务的存在周期

事务的周期是从 START TRANSACTION 指令开始，直到 COMMIT 指令结束。图 8-8 展示了一个简单事务的存在周期。事务不支持嵌套功能，当用户在未结束一个事务而又重新打开另一个事务时，前一个事务会被自动提交。在 MySQL 中，很多命令都会隐藏执行 COMMIT 命令。

观看视频

图 8-8　一个简单事务的存在周期

8.2.6 事务自动提交

MySQL 中存在两个可以控制行为的变量，分别是 AUTOCOMMIT 变量和 TRANSACTION ISOLACTION LEVEL 变量。

在 MySQL 中，如果不更改其自动提交变量，系统会自动向数据库提交结果，用户在执行数据库操作过程中不需要使用 START TRANSACTION 语句开始事务，应用 COMMIT 或者 ROLLBACK 提交事务或执行回滚操作。如果用户希望通过控制 MySQL 自动提交参数，则可以更改提交模式，这一改变过程是通过设置 AUTOCOMMIT 变量实现的。

使用以下命令会关闭自动提交。

```
SET AUTOCOMMIT = 0;
```

自动提交功能关闭时，只有当用户输入 COMMIT 命令后，MySQL 才会将数据表中的资料提交到数据库中。如果不提交事务而终止 MySQL 会话，数据库将会自动执行回滚操作。

【**例 8-3**】　关闭自动提交功能后，向 jwsystem 数据库中的 teacher 表中添加一名新教师"李桂花"（'1017','李桂花','女','博士研究生','副教授'），SQL 语句如下。

```
SET AUTOCOMMIT = 0;
INSERT INTO teacher
VALUES('1017','李桂花','女','博士研究生','副教授');
```

执行结果如图 8-9 所示。

刷新数据库后，查看数据表中的数据，SQL 语句如下。

```
SELECT * FROM teacher WHERE tname = '李桂花';
```

图 8-9 取消自动提交后添加记录

执行结果如图 8-10 所示。

用户关闭自动提交功能后,添加新记录的操作中没有执行事务的提交操作,导致数据没有成功添加。再次查询数据表中的数据可知,之前插入的数据并未插入数据库中。

另外,可以通过查看@@AUTOCOMMIT 变量查看当前自动提交状态,查看此变量同样使用 SELECT 语句,执行结果如图 8-11 所示。

图 8-10 事务未提交的记录查询结果　　　　图 8-11 查看自动提交变量

8.3 锁机制

锁是计算机用以协调多个进程间并发访问同一共享资源的一种机制。MySQL 中为了保证数据访问的一致性和有效性等功能,实现了锁机制,MySQL 中的锁是在服务器层或者存储引擎层实现的。

观看视频

8.3.1 MySQL 锁机制基础

在同一时刻,可能会有多个客户端对表中同一行记录进行操作,例如,有的客户端在读取该行数据,有的则尝试去删除它。为了保证数据的一致性,数据库就要对这种并发操作进行控制,因此就有了锁的概念。下面将介绍 MySQL 锁机制涉及的基本概念。

1. 锁的类型

在处理并发读或者写时,可以通过实现一个由两种类型的锁组成的锁系统来解决问题。这两种类型的锁通常称为读锁(Read Lock)和写锁(Write Lock),下面分别进行介绍。

1)读锁

读锁也称为共享锁(Shared Lock),它是共享的,或者说是相互不阻塞的。多个客户端在同一时间可以同时读取同一资源,互不干扰。

2)写锁

写锁也称为排他锁(Exclusive Lock),它是排他的,即一个写锁会阻塞其他的写锁和读锁。这是为了确保在给定的时间里,只有一个用户能执行写入,并防止其他用户读取正在写入的同一资源,保证安全。

在实际的数据库系统中,随时都在发生锁定。例如,当某个用户在修改某一数据时,

MySQL 就会通过锁定防止其他用户读取同一数据。在大多数时候，MySQL 锁的内部管理都是透明的。

2．锁粒度

一种提高共享资源并发性的方式就是让锁定对象更有选择性，也就是尽量只锁定部分数据，而不是所有的资源。这就是锁粒度的概念。它是指锁的作用范围，是为了对数据库中高并发响应和系统性能两方面进行平衡而提出的。

锁粒度越小，并发访问性能越高，越适合做并发更新操作（即采用 InnoDB 存储引擎的表适合做并发更新操作）；锁粒度越大，并发访问性能就越低，越适合做并发查询操作（即采用 MyISAM 存储引擎的表适合做并发查询操作）。

不过需要注意，在给定的资源上，锁定的数据量越少，系统的并发程度越高，完成某个功能时所需要的加锁和解锁的次数就会越多，反而会消耗较多的资源，甚至会出现资源的恶性竞争，乃至于发生死锁。

注意：由于加锁也需要消耗资源，因此需要注意如果系统花费大量的时间来管理锁，而不是存储数据，那就有些得不偿失了。

3．锁策略

锁策略指在锁的开销和数据的安全性之间寻求平衡。但是这种平衡会影响性能，所以大多数商业数据库系统没有提供更多的选择，一般都是在表上施加行级锁，并以各种复杂的方式来实现，以便在数据比较多的情况下，提供更好的性能。

在 MySQL 中，每种存储引擎都可以实现自己的锁策略和锁粒度。因此，它提供了多种锁策略。在存储引擎的设计中，锁管理是非常重要的决定，它将锁粒度固定在某个级别，可以为某些特定的应用场提供更好的性能，但同时会失去对另外一个应用场景的良好支持。幸好 MySQL 支持多个存储引擎，所以不用单一的通用解决方法。下面将介绍两种重要的锁策略。

1）表级锁

表级锁（Table Lock）是 MySQL 中最基本的锁策略，而且是开销最小的策略。它会锁定整张表，一个用户在对表进行操作（如插入、更新和删除等）前，需要先获得写锁，这会阻塞其他用户对该表的所有读写操作。只有没有写锁时，其他读取的用户才能获得读锁，并且读锁之间是不相互阻塞的。

另外，由于写锁比读锁的优先级高，因此一个写锁请求可能会被插入读锁队列的前面，但是读锁则不能插入写锁的前面。

2）行级锁

行级锁（Row Lock）可以最大限度地支持并发处理，同时也带来了最大的锁开销。在InnoDB 或者一些其他存储引擎中实现了行级锁。行级锁只在存储引擎层实现，而服务器层没有实现。服务器层完全不了解存储引擎中的锁实现。

4．锁的生命周期

锁的生命周期指在一个 MySQL 会话内，对数据进行加锁到解锁之间的时间间隔。锁的生命周期越长，并发性能就越低，反之并发性能就越高。另外，锁是数据库管理系统的重要资源，需要占据一定的服务器内存，锁的生命周期越长，占用的服务器内存时间就越长；相反，占用的内存时间也就越短。因此，应该尽可能地缩短锁的生命周期。

8.3.2 MyISAM 表的表级锁

在 MySQL 的 MyISAM 类型数据表中，并不支持 COMMIT（提交）和 ROLLBACK（回滚）命令。当用户对数据库执行插入、删除、更新等操作时，这些变化的数据都被立刻保存在磁盘中。这样，在多用户环境中，会导致诸多问题。为了避免同一时间有多个用户对数据库中的指定表进行操作，可以应用表锁定来避免在用户操作数据表过程中受到干扰。当且仅当该用户释放表的操作锁定后，其他用户才可以访问这些修改后的数据表。

设置表级锁定代替事务的基本步骤如下。

（1）为指定数据表添加锁定，其语法格式如下。

观看视频

```
LOCK TABLES table_name lock_type, …
```

其中，table_name 为被锁定的表名；lock_type 为锁定类型，该类型包括以读方式（READ）锁定表，以写方式（WRITE）锁定表。

（2）用户执行数据表的操作，可以添加、删除或者更改部分数据。

（3）用户完成对锁定数据表的操作后，需要对该表进行解锁操作，释放该表的锁定状态，其语法格式如下。

```
UNLOCK TABLES
```

下面将分别介绍如何以读方式锁定数据表和以写方式锁定数据表。

1. 以读方式锁定数据表

以读方式锁定数据表是设置锁定用户的其他方式操作，如删除、插入、更新都不被允许，直至用户进行解锁操作。

【例 8-4】 以读方式锁定 jwsystem 数据库中的用户数据表 tb_user。具体步骤如下。

（1）在 jwsystem 数据库中，创建一张采用 MyISAM 存储引擎的用户表 tb_user，SQL 语句如下。

```
CREATE TABLE tb_user
(
id int(10) unsigned NOT NULL AUTO_INCREMENT PRIMARY KEY,
username varchar(30),
pwd varchar(30)
)ENGINE = MyISAM;
```

（2）在 tb_user 表中插入 3 条用户信息，SQL 语句如下。

```
INSERT INTO tb_user(username,pwd)
VALUES
('gzhtzy','111111'),
('soft','111111'),
('wgh','111111');
```

（3）输入以读方式锁定数据库 jwsystem 中的用户数据表 tb_user 的代码，SQL 语句如下。

```
LOCK TABLE tb_user READ;
```

执行结果如图 8-12 所示。

（4）使用 SELECT 语句查看数据表 tb_user 中的信息，SQL 语句如下。

```
SELECT * FROM tb_user;
```

执行结果如图 8-13 所示。

图 8-12　以读方式锁定数据表　　　　图 8-13　查看以读方式锁定的 tb_user 表

（5）尝试向数据表 tb_user 中插入一条数据，SQL 语句如下。

```
INSERT INTO tb_user(username, pwd)VALUES('mrsoft','111111');
```

执行结果如图 8-14 所示。

信息	状态

INSERT INTO tb_user(username, pwd)VALUES('mrsoft','111111')
> 1099 - Table 'tb_user' was locked with a READ lock and can't be updated
> 时间: 0.001s

图 8-14　向以读方式锁定的表中插入数据

从图 8-14 中可以看出，当用户试图向数据库中插入数据时，将会返回失败信息。当用户将锁定的表解锁后，再次执行插入操作，SQL 语句如下。

```
UNLOCK TABLES;
INSERT INTO tb_user(username,pwd) VALUES('mrsoft','111111');
```

执行结果如图 8-15 所示。

信息	剖析	状态

UNLOCK TABLES
> OK
> 时间: 0s

INSERT INTO tb_user(username,pwd) VALUES('mrsoft','111111')
> Affected rows: 1
> 时间: 0.003s

图 8-15　向解锁后的数据表中添加记录

锁定被释放后，用户可以对数据库执行添加、删除、更新等操作。

注意：在 LOCK TABLES 的参数中，用户指定数据表以读方式（READ）锁定数据表的变体为 READ LOCAL 锁定，其与 READ 锁定的不同点是：该参数所指定的用户会话可以执行 INSERT 操作。它是为了使用 MySQL dump 工具而创建的一种变体形式。

2. 以写方式锁定数据表

与以读方式锁定数据表类似，表的写锁定是设置用户可以修改数据表中的数据，但是除自己以外其他会话中的用户不能进行任何读操作，语法格式如下。

```
LOCK TABLE 要锁定的数据表 WRITE;
```

【例 8-5】 仍然以例 8-4 创建的数据表 tb_user 为例进行演示。这里演示以写方式锁定用户表 tb_user,具体步骤如下。

输入以写方式锁定数据库 jwsystem 中的用户数据表 tb_user 的代码,SQL 语句如下。

```
LOCK TABLE tb_user WRITE;
```

执行结果如图 8-16 所示。

因为 tb_user 表为写锁定,所以用户可以对数据库的数据执行修改、添加、删除等操作。那么是否可以应用 SELECT 语句查询该锁定表呢? 输入以下命令试试。

```
SELECT * FROM tb_user;
```

执行结果如图 8-17 所示。

图 8-16　以写方式锁定数据表

图 8-17　查询应用写操作锁定的 tb_user 表

从图 8-17 中可以看到,当前用户仍然可以应用 SELECT 语句查询该表的数据,并没有限制用户对数据表的读操作。这是因为,以写方式锁定数据表并不能限制当前锁定用户的查询操作。下面再打开一个新用户会话,即保持图 8-17 所示窗口不被关闭,打开一个MySQL 的命令行客户端,并执行下面的查询语句。

```
USE jwsystem;
SELECT * FROM tb_user;
```

执行结果如图 8-18 所示。

图 8-18　打开新会话查询被锁定的数据表

在新打开的命令行提示窗口中,读者可以看到,应用 SELECT 语句执行查询操作,并没有结果显示,这是因为之前该表以写方式锁定。故当操作用户释放该数据表锁定后,其他用户才可以通过 SELECT 语句查看之前被锁定的数据表。在图 8-18 所示的命令行窗口中输入如下代码解除写锁定。

```
UNLOCK TABLES;
```

这时,在打开的命令行窗口中,即可显示出查询结果,如图 8-19 所示。

由此可知,当数据表被释放锁定后,其他访问数据库的用户才可以查看数据表的内容。即使用 UNLOCK TABLE 命令后,将会释放所有当前处于锁定状态的数据表。

图 8-19　解除写锁定后的查询结果

8.3.3　InnoDB 表的行级锁

为 InnoDB 表设置锁比为 MyISAM 表设置锁更为复杂，这是因为 InnoDB 表既支持表级锁，又支持行级锁。由于为 InnoDB 表设置表级锁也是使用 LOCK TABLES 命令，其使用方法与 MyISAM 表基本相同，这里不再赘述。下面将重点介绍如何为 InnoDB 表设置行级锁。

在 InnoDB 表中，提供了两种类型的行级锁，分别是读锁（也称为共享锁）和写锁（也称为排他锁）。InnoDB 表的行级锁的粒度仅仅是受查询语句或者更新语句影响的记录。

为 InnoDB 表设置行级锁主要分为以下 3 种方式。

（1）在查询语句中设置读锁，其语法格式如下。

```
SELECT 语句 LOCK IN SHARE MODE;
```

例如，在为采用 InnoDB 存储引擎的数据表 tb_account 在查询语句中设置读锁，可以使用下面的语句。

```
SELECT * FROM tb_account LOCK IN SHARE MODE;
```

（2）在查询语句中设置写锁，其语法格式如下。

```
SELECT 语句 FOR UPDATE;
```

例如，为采用 InnoDB 存储引擎的数据表 tb_account 在查询语句中设置写锁，可以使用下面的语句。

```
SELECT * FROM tb_account FOR UPDATE;
```

在更新（包括 INSERT、UPDATE 和 DELETE）语句中，InnoDB 存储引擎自动为更新语句影响的记录添加隐式写锁。

通过以上 3 种方式为表设置行级锁的生命周期非常短暂。为了延长行级锁的生命周期，可以采用开启事务实现。

【例 8-6】　通过事务实现延长行级锁的生命周期。具体步骤如下。

（1）在 jwsystem 数据库中，创建一张采用 InnoDB 存储引擎的用户表 tb_account，SQL 语句如下。

```
CREATE TABLE tb_account
(
id int(10) unsigned NOT NULL AUTO_INCREMENT PRIMARY KEY,
name varchar(30),
balance varchar(30)
)ENGINE = innoDB;
```

（2）在 MySQL 中开启事务，并为采用 InnoDB 存储引擎的数据表 tb_account 查询语句中设置写锁，SQL 语句如下。

```
USE jwsystem;
START TRANSACTION;
SELECT * FROM tb_account FOR UPDATE;
```

执行结果如图 8-20 所示。

（3）打开命令行窗口，开启事务，并为采用 InnoDB 存储引擎的数据表 tb_account 在查询语句中设置写锁，SQL 语句如下。

```
USE jwsystem;
START TRANSACTION;
SELECT * FROM tb_account FOR UPDATE;
```

执行结果如图 8-21 所示。

图 8-20　查询语句中设置写锁　　　　图 8-21　MySQL 命令行窗口被"阻塞"

（4）在 Navicat 15 for MySQL 窗口中，执行提交事务语句，从而为 tb_account 表解锁，SQL 语句如下。

```
COMMIT;
```

执行提交命令后，在 MySQL 命令行窗口中将显示具体的查询结果，如图 8-22 所示。

图 8-22　MySQL 命令行窗口被"唤醒"

由此可知,事务中的行级锁的生命周期从加锁开始,直到事务提交或者回滚才会被释放。

8.3.4　死锁的概念与避免

死锁,即当两个或者多个处于不同序列的用户打算同时更新某相同的数据库时,因互相等待对方释放权限而导致双方一直处于等待状态。在实际应用中,两个不同序列的客户打算同时对数据执行操作,极有可能产生死锁。更具体地讲,当两个事务相互等待操作对方释放所持有的资源,而导致两个事务都无法操作对方持有的资源时,这样无限期的等待被称为死锁。

不过,MySQL 的 InnoDB 表处理程序具有检查死锁这一功能,如果该处理程序发现用户在操作过程中产生死锁,该处理程序立刻通过撤销操作来撤销其中一个事务,以便使死锁消失。这样就可以使另一个事务获取对方所占有的资源而执行逻辑操作。

观看视频

8.4　事务的隔离级别

MySQL 在数据库访问过程中采用的是并发访问方式。在多个线程同时开启事务访问数据库时,可能会出现脏读、不可重复读及幻读等情况。

1) 脏读

脏读就是一个事务读取了另一个事务没有提交的数据。即第一个事务正在访问数据,并且对数据进行了修改,当这些修改还没有提交时,第二个事务访问和使用了这些数据。如果第一个事务回滚,那么第二个事务访问和使用的数据就是错误的脏数据。

2) 不可重复读

不可重复读指在一个事务内,对同一数据进行了两次相同查询,但返回结果不同。这是由于在一个事务两次读取数据之间,有第二个事务对数据进行了修改,造成两次读取数据的结果不同。

3) 幻读

幻读指在同一事务中,两次按相同条件查询到的记录不一样。造成幻读的原因在于事务处理没有结束时,其他事务对同一数据集合增加或者删除了记录。

为了避免以上情况的发生,MySQL 设置了事务的 4 种隔离级别,由低到高分别为 READ UNCOMMITTED、READ COMMITTED、REPEATABLE READ、SERIALIZABLE,能够有效地防止脏读、不可重复读以及幻读等情况发生。

(1) READ UNCOMMITTED(未提交读)。READ UNCOMMITTED 指"读未提交",该级别下的事务可以读取另一个未提交事务的数据,它是最低事务隔离级别。这种隔离级别在实际应用中容易出现脏读等情况,因此很少被应用。

(2) READ COMMITTED(提交后读)。READ COMMITTED 指"读提交",该级别下的事务只能读取其他事务已经提交的数据。这种隔离级别容易出现不可重复读的问题。

(3) REPEATABLE READ(可重读)。REPEATABLE READ 指"可重复读",是 MySQL 的默认事务隔离级别。它确保同一事务的多个实例并发读取数据时,读到的数据是相同的。这种隔离级别容易出现幻读的问题。

（4）SERIALIZABLE（序列化）。SERIALIZABLE 指"可串行化"，是 MySQL 最高的事务隔离级别。它通过对事务进行强制性的排序，使事务之间不会相互冲突，从而解决幻读问题。但是这种隔离级别容易出现超时现象和锁竞争。各个隔离级别可能产生的问题如表 8-1 所示。

表 8-1　隔离级别和并发副作用

隔离级别	脏读	不可重复读	幻读
READ UNCOMMITTED	√	√	√
READ COMMITTED	×	√	√
REPEATABLE READ	×	×	√
SERIALIZABLE	×	×	×

用户可以用 SET TRANSACTION 语句改变当前会话或所有新建连接的隔离级别，其语法格式如下。

```
SET [SESSION | GLOBAL] TRANSACTION ISOLATION LEVEL {READ UNCOMMITTED | READ COMMITTED |
REPEATABLE READ | SERIALIZABLE}
```

例如，设置当前会话的隔离级别为 READ COMMITTED，具体语句如下。

```
SET SESSION TRANSACTION ISOLATION LEVEL READ COMMITTED;
```

8.5　事务的性能

应用不同孤立级的事务可能会对系统造成一系列影响。采用不同孤立级处理事务，可能会对系统稳定性和安全性等诸多因素造成影响。另外，有些数据库操作中不需要应用事务处理，只需要用户在选择数据表类型时，选择合适的数据表类型。所以，选择表类型时，应该考虑数据表具有完善的功能，且高效执行的前提下也不会给系统增加额外的负担。

8.5.1　应用小事务

应用小事务的意义在于，保证每个事务不会在执行前等待很长时间，从而避免各个事务因为相互等待而导致系统性能大幅下降。用户在应用少数大事务时，可能无法看出因事务间相互等待而导致系统性能下降，但是当系统中存在处理量很大的数据库或多种复杂事务时，用户就可以明显感觉到事务因长时间等待而导致系统性能下降。所以，应用小事务可以保证系统的性能，其可以快速变化或退出，这样，其他在队列中准备就绪的事务就不会受到明显影响。

8.5.2　选择合适的孤立级

事务的性能与其对服务器产生的负载成反比，即事务孤立级越高，其性能越低，但是其安全性会越高。事务孤立级性能关系如图 8-23 所示。

虽然随着孤立级的增高，稳定性和灵活性也会随之改变，但这并不代表稳定性会越低，也不代表灵活性会越高，故用户在选择孤立级时，需要根据自身的实际情况选择适合应用的孤立级，切勿生搬硬套。

图 8-23 事务孤立级性能关系

单元小结

本单元对 MySQL 中事务的创建、提交、撤销，以及存在周期进行了详细讲解，通过本单元的学习，读者应该重点掌握事务如何自动提交；在锁机制中，主要介绍了 MySQL 锁机制的基础知识、如何为 MyISAM 表设置表级锁以及如何为 InnoDB 表设置行级锁等内容。另外，还对事务的隔离级别进行了简要介绍。其中，如何在 MySQL 中创建事务是本单元的重点。

单元实训项目

观看视频

项目：在"网上书店"数据库中实现事务处理

目的：

掌握事务的启动、提交和回滚。

内容：

启动一个事务，在事务中使用 SQL 语句删除"网上书店"数据库中会员表的所有记录，第一次不提交事务，第二次提交事务，第三次回滚事务。重启 MySQL 服务器分别查看记录是否被永久删除。

单元练习题

一、选择题

1. 用户定义的一系列数据库更新操作，这些操作要么都执行，要么都不执行，是一个不可分割的逻辑工作单元，这体现了事务的（　　）。

A. 原子性　　　　　B. 一致性　　　　　C. 隔离性　　　　　D. 持久性

2. MySQL 创建事务的一般步骤是（　　）。

A. 初始化事务、创建事务、应用 SELECT 查看事务、提交事务

B. 初始化事务、应用 SELECT 查看事务、应用事务、提交事务

C. 初始化事务、创建事务、应用事务、提交事务

D.　创建事务、应用事务、应用 SELECT 查看事务、提交事务

3.　事务的隔离级别中,(　　)可以解决幻读问题。

　　A.　READ UNCOMMITTED　　　　　B.　READ COMMITTED

　　C.　REPEATABLE READ　　　　　　　D.　SERIALIZABLE

4.　下面控制事务自动提交的命令,正确的是(　　)。

　　A.　SET AUTOCOMMIT=0;　　　　　B.　SET AUTOCOMMIT=1;

　　C.　SELECT @@autocommit;　　　　　D.　SELECT @@tx_isolation;

5.　下列关于锁策略的描述错误的是(　　)。

　　A.　表级锁是 MySQL 中最基本的锁策略,而且是开销最小的策略

　　B.　行级锁可以最大程度地支持并发处理,同时也带来了最大的锁开销

　　C.　一个读锁请求可能会被插入写锁队列的前面

　　D.　在 MySQL 中,每种存储引擎都可以实现自己的锁策略和锁粒度

二、问答题

1.　事务具有哪些特性?

2.　事务的隔离级别有哪些? 各自有什么特点?

在线答题

拓展阅读

单元 9

数据库高级管理

确保数据库的安全性与完整性的措施是进行数据备份和数据还原。在数据库中有一些高级操作,如数据的备份和恢复、用户管理、权限管理等,本单元将针对这些知识进行详细讲解。

本单元主要学习目标如下:

- 了解数据备份的基本概念。
- 掌握 MySQL 中数据备份、数据恢复的基本操作。
- 掌握 MySQL 中创建、删除用户的基本操作。
- 掌握 MySQL 中授予、查看权限和收回权限的基本操作。

9.1 数据库的备份与还原

当操作数据库时,难免会发生一些意外,造成数据损坏或者丢失,如突然停电或者数据库管理员误操作等都会导致数据损坏或丢失。因此,工作人员要定期进行数据库备份,如此一来,当出现意外并造成数据库数据损坏或者丢失时,就可以通过备份的数据还原数据库,将不良影响和损失降到最低。本节将介绍 MySQL 数据库的备份和还原。

1. 数据备份的分类

(1) 按备份时服务器是否在线来划分。

① 热备份。数据库正处于运行状态,此时依赖数据库的日志文件进行备份。

② 温备份。进行数据备份时数据库服务正常运行,但数据只能读不能写。

③ 冷备份。数据库处于关闭状态,能够较好地保证数据库的完整性。

(2) 按备份的内容来划分。

① 逻辑备份。使用软件从数据库中提取数据并将结果写到一个文件上,该文件格式一般与原数据库的文件格式不同,逻辑备份是原数据库中数据内容的一个映像。

② 物理备份。物理备份指直接复制数据库文件。与逻辑备份相比,其速度较快,但占用空间较大。

(3) 按备份涉及的数据范围来划分。

① 完整备份。完整备份指备份整个数据库。这是任何备份策略中都要求完成的第一种备份类型,其他所有备份类型都依赖于完整备份。换句话说,如果没有执行完整备份,就无法执行差异备份和增量备份。

② 增量备份。增量备份指对数据库从上一次完整备份或者最近一次增量备份以来改

变的内容的备份。

③ 差异备份。差异备份指对最近一次完整备份以后发生改变的数据进行的备份。差异备份仅备份自最近一次完整备份后发生更改的数据。

备份是一种十分耗费时间和资源的操作,对其使用不能太过频繁。应该根据数据库的使用情况确定一个合适的备份周期。

2. 数据还原的方法

数据还原就是指当数据库出现故障时,将备份的数据库加载到系统中,从而使数据库还原到备份时的正确状态。MySQL 有以下 3 种数据还原的方法。

(1) 数据库备份。通过导出数据或者表文件的副本来保护数据。

(2) 二进制日志文件保存更新数据的所有语句。

(3) 数据库复制。MySQL 的内部复制功能建立在两个或多个服务器之间,是通过设定它们之间的主从关系来实现的。其中一个作为主服务器,其他的作为从服务器。

本单元主要介绍前两种方法。还原是与备份相对应的系统维护和管理操作。数据库系统进行恢复操作时,先执行一些系统安全性方面的检查,包括检查要恢复的数据库是否存在、数据库是否变化、数据库文件是否兼容等,然后根据所采用的数据库备份类型采取相应的恢复措施。

9.1.1　使用 mysqldump 命令备份数据

观看视频

在数据库的管理和维护过程中,要定期对数据库进行备份,以便数据库在遇到数据丢失或损坏时加以利用。MySQL 数据库提供了 mysqldump 命令进行备份,该命令备份一个或者多个数据库的语法格式如下。

```
mysqldump -u 用户名 -p[密码] --databases 数据库1[数据库2 数据库3 …]>备份文件.sql;
```

参数说明如下。

(1) 用户名:必选项,备份数据的用户名。

(2) [密码]:可选项,备份数据的用户名对应的密码,如果命令中不输入密码,会在执行命令过程中提示用户输入。

(3) --databases:必选项,后面接要备份的数据库名。

(4) 数据库1:必选项,要备份的数据库名。

(5) [数据库2 数据库3…]:可选项,如果需要备份多个数据库,通过空格分隔。

(6) 备份文件.sql:必选项,备份文件名,以.sql 结尾,里面存放的是一些可执行的 SQL 语句。

需要注意的是,在使用 mysqldump 命令备份数据库时,直接在 DOS 命令行窗口中执行该命令即可,不需要登录到 MySQL 数据库。

接下来,通过对前面所建的教务管理系统(jwsystem)数据库进行备份来演示如何使用 mysqldump 命令。

【例 9-1】 使用 mysqldump 命令备份 jwsystem 数据库到 jwsystem.sql 文件,保存到 D 盘下的 backup 文件夹下。

在 D 盘创建一个名为 Backup 的文件夹,用来存放数据库的备份文件。mysqldump 命令需要在命令行工具中运行,以管理员身份运行 cmd 命令打开 Windows 命令行工具,并切换到 mysqldump 命令所在目录。使用 mysqldump 命令备份数据库的 SQL 语句如下。

```
mysqldump - u root -- databases JwSystem > D:\Backup\JwSystem.sql
```

执行结果如图 9-1 所示,在 D 盘的 Backup 文件夹下可以发现 jwsystem.sql。

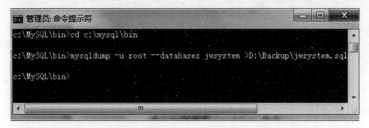

图 9-1　使用 mysqldump 命令备份单个数据库

mysqldump 命令备份所有数据库的语法格式如下。

```
mysqldump - u 用户名 - p[密码] -- all - databases > 备份文件.sql;
```

参数说明如下。

(1)用户名:必选项,备份数据的用户名。

(2)密码:可选项,备份数据的用户名对应的密码,如果命令中不输入密码,会在执行命令过程中提示用户输入。

(3)--all-databases:必选项,说明要备份所有数据库。

(4)备份文件.sql:必选项,备份文件名,以.sql 结尾,里面存放的是一些可执行的 SQL 语句。

【例 9-2】　使用 mysqldump 语句备份所有数据库到 all.sql 文件,并保存到 D 盘下的 Backup 文件夹下。

mysqldump 命令需要在命令行工具中运行,以管理员身份运行 cmd 命令打开 Windows 命令行工具,并切换到 mysqldump 命令所在目录,使用 mysqldump 命令备份数据库的 SQL 语句如下。

```
mysqldump - u root -- all - databases > D:\Backup\all.sql;
```

执行结果如图 9-2 所示,在 D 盘的 Backup 文件夹下可以发现 all.sql。

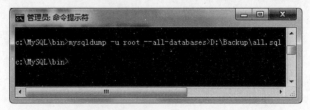

图 9-2　使用 mysqldump 命令备份所有数据库

观看视频

9.1.2　使用 mysql 命令还原数据

使用 mysqldump 命令备份完数据库后,如果数据库中的数据被破坏,可以通过备份的数据文件进行还原,通过 9.1.1 节的介绍可知,备份的.sql 文件中包含的是可以执行的

SQL 语句,因此只使用 mysql 命令执行这些语句就可以将数据还原。

使用 mysql 命令还原数据的语法格式如下。

```
mysql-u用户名 -p[密码][数据库名]<备份文件.sql
```

参数说明如下。

(1) 用户名:必选项,还原数据的用户名。

(2) [密码]:可选项,还原数据的用户名对应的密码,如果命令中不输入密码,会在执行命令过程中提示用户输入。

(3) [数据库名]:可选项,说明要还原的数据库名。

(4) 备份文件.sql:必选项,从该备份文件还原数据,以.sql 结尾,里面存放的是一些可执行的 SQL 语句。

【例 9-3】 使用 mysql 命令从 library.sql 文件恢复数据到 library 数据库。

执行恢复操作前,MySQL 服务器中必须存在 library 数据库,如果不存在,在数据恢复过程中会出错。执行过程如下。

(1) 为了还原 library 数据库中的数据,首先要使用 DROP 语句将 library 数据库删除,SQL 语句如下。

```
DROP database library;
```

执行结果如图 9-3 所示。

(2) 使用 mysql 命令还原 library.sql 文件,SQL 语句如下。

```
mysql -u root <D:\Backup\library.sql;
```

执行结果如图 9-4 所示。

图 9-3　使用 DROP 语句删除 library 数据库　　　图 9-4　使用 mysql 命令还原 library 数据库

(3) 为了确保数据还原成功,使用 SELECT 语句查询 library 数据库中 book 表的数据,SQL 语句如下。

```
SELECT * from books;
```

执行结果如图 9-5 所示。

bookid	bookname	author	press	pubdate
E0005	细节:如何轻松影响他人	罗伯特西奥迪尼	中信出版社	2016-11-20
H0001	丝绸之路:一部全新的世界史	彼得弗兰科潘	浙江大学出版社	2016-10-01
H0002	中国通史	吕思勉	中国华侨出版社	2016-06-01
H0003	半小时漫画世界史	陈磊	江苏凤凰文艺出版社	2018-04-20
H0004	人类简史:从动物到上帝	尤瓦尔·赫拉利	中信出版社	2018-05-01

图 9-5　查询 books 表中的数据

从图 9-5 中可以看出，数据已经被还原了。

还原数据还可以使用另外一种方式，即登录 MySQL 服务器，使用 SOURCE 语句导入已经备份的 library.sql 文件。

SOURCE 语句的语法格式如下。

```
SOURCE library.sql;
```

SOURCE 语句的语法格式比较简单。需要注意的是，在导入文件时指定的文件名称必须为全路径名称。该语句的执行结果和在命令行执行 mysql 命令的结果一样。

9.2　用户管理

用户管理可以保证 MySQL 系统的安全性。MySQL 的用户管理包括创建用户、删除用户和管理密码等。MySQL 用户分为 root 用户和普通用户，root 用户为超级管理员，具有所有权限，而普通用户只拥有被赋予的指定权限。

9.2.1　user 表

在安装 MySQL 时，系统会自动创建一个名为 mysql 的数据库，该数据库中的表都是权限表，如 user、db、host、tables_priv、column_priv、procs_priv 等，其中 user 表是最重要的权限表，它记录了允许连接到服务器的账号信息以及一些全局级别的权限信息。通过操作该表就可以对这些信息进行修改。user 表中的一些常用字段如表 9-1 所示。

表 9-1　user 表中的一些常用字段

字段名称	字段含义	默认值
Host	主机名	
User	用户名	
Password	密码	
Select_priv	确定用户是否可以通过 SELECT 命令选择数据	N
Insert_priv	确定用户是否可以通过 INSERT 命令插入数据	N
Update_priv	确定用户是否可以通过 UPDATE 命令修改现有数据	N
Delete_priv	确定用户是否可以通过 DELETE 命令删除现有数据	N
Create_priv	确定用户是否可以创建新的数据库和表	N
Drop_priv	确定用户是否可以删除现有数据库和表	N
Reload_priv	确定用户是否可以执行用来刷新和重新加载 MySQL 所用的各种内部缓存（包括日志、权限、主机、查询和表）的特定命令	N
Shutdown_priv	确定用户是否可以关闭 MySQL 服务器。在将此权限提供给 root 账户之外的任何用户时，都应当非常谨慎	N
ssl_type	用于加密	
ssl_cipher	用于加密	NULL
max_questions	每小时允许用户执行查询操作的次数	0
max_updates	每小时允许用户执行更新操作的次数	0
max_connections	每小时允许用户建立连接的次数	0
max_user_connections	允许单个用户同时建立连接的次数	0

表 9-1 只列举了 user 表的一部分字段,实际上 MySQL 8.0 的 user 表中有 51 个字段,有兴趣的读者可以自行查阅。

9.2.2　创建新用户

在 MySQL 数据库中,只有一个 root 用户是无法管理众多数据的,因此需要创建多个普通用户来管理不同类型的数据。创建普通用户有以下两种方法。

1. 使用 CREATE USER 语句创建新用户

使用 CREATE USER 语句创建一个新用户时,MySQL 服务器会自动修改相应的授权表。该语句创建的新用户可以连接数据库,但是不具有任何权限。

使用 CREATE USER 语句创建新用户的语法格式如下。

```
CREATE USER 用户名 1 [IDENTIFIED BY[PASSWORD] '密码字符串 1'] [,用户名 2 [IDENTIFIED BY
[PASSWORD] '密码字符串 2']]…
```

参数说明如下。

(1) 用户名 1:必选项,表示新建用户的账户,用户名包含两部分,分别是用户名 (USER)和主机名(HOST),表示为 USER@HOST 的形式。

(2) [IDENTIFIED BY]:可选项,用于设置用户账户的密码,MySQL 新用户可以没有密码。

(3) PASSWORD:可选项,该关键字主要用于实现对密码进行加密,如果密码是一个普通的字符串,则不需要 PASSWORD 关键字。

(4) 密码字符串 1:可选项,表示新建用户的密码,如果是一个普通的字符串,则不需要 PASSWORD 关键字。

(5) [,用户名 2[IDENTIFIED BY[PASSWORD]'密码字符串 2']]子句:可选项,用于创建新用户,可以使用 CREATE USER 语句同时创建多个新用户。

【例 9-4】　使用 CREATE USER 语句向数据库中添加一个新用户,用户名为 tom,主机名为 localhost,密码为 123456。

使用 CREATE USER 语句创建新用户的 SQL 语句如下。

```
CREATE USER 'tom'@'localhost' IDENTIFIED BY '123456';
```

执行结果如图 9-6 所示。

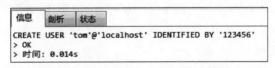

图 9-6　使用 CREATE USER 语句创建新用户

上述语句执行成功后,可以通过 SELECT 语句验证用户是否创建成功,SQL 语句如下。

```
SELECT Host,User,authentication_string FROM user;
```

验证结果如图 9-7 所示。

从图 9-7 中可以看出,tom 用户已经创建成功,但密码显示的并不是 123456,而是一串

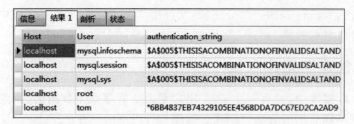

图 9-7　用户 tom 创建成功

字符,这是因为在创建用户时,MySQL 会对用户的密码自动加密,以提高数据库的安全性。

　　tom 用户可以登录到 MySQL,但是不能使用 USE 语句选择用户创建的任何数据库,因此也无法访问那些数据库中的表。如果该用户已经存在,则在执行 CREATE USER 语句时系统会报错。

2. 使用 INSERT 语句创建用户

　　从上面的讲述中可以看出,使用 CREATE USER 语句创建新用户,实际上就是在 mysql 数据库的 user 表中添加一条新的记录。因此,可以使用 INSERT 语句直接将新用户的信息添加到 mysql. user 表中。

　　使用 INSERT 语句创建用户的语法格式如下。

```
INSERT INTO mysql. user(Host, User, authentication_string, ssl_cipher, x509_issuer, x509_subject)
VALUES('主机名','用户名',MD5('密码字符串'),'','','')
```

参数说明如下。

　　(1) mysql. user:必选项,mysql. user 是 MySQL 中管理用户信息的表,可以通过 INSERT 语句向这张表中插入数据创建新用户。

　　(2) Host:必选项,表示允许登录的用户主机名称。

　　(3) User:必选项,表示新建用户的账户。

　　(4) authentication_string:必选项,表示新建用户的密码。

　　(5) ssl_cipher:必选项,mysql. user 表中的字段,用于表示加密算法,这个字段没有默认值,向 user 表中插入新记录时,一定要设置这个字段的值,否则 INSERT 语句将执行失败。

　　(6) x509_issuer,x509_subject:必选项,mysql. user 表中的字段,用于标志用户,这两个字段没有默认值,当向 user 表中插入新记录时,一定要设置这两个字段的值,否则 INSERT 语句将执行失败。

　　(7) 主机名:必选项,表示创建新用户的主机名称的字符串。

　　(8) 用户名:必选项,表示创建新用户名的字符串。

　　(9) MD5:必选项,MD5()函数,用于对密码进行加密。

　　(10) 密码字符串:必选项,表示新建用户的密码。

　　【例 9-5】　使用 INSERT 语句向数据库中添加一个新用户,用户名为 lily,主机名为 localhost,密码为 123456。

　　(1) 使用 INSERT 语句创建新用户,SQL 语句如下。

```
INSERT INTO user(Host,User,authentication_string,ssl_cipher,x509_issuer,x509_subject)
VALUES('localhost','lily',MD5('123456'),'','','');
```

执行结果如图 9-8 所示。

信息　剖析　状态

INSERT INTO user
(Host,User,authentication_string,ssl_cipher,x509_issuer,
x509_subject)
VALUES('localhost','lily',MD5('123456'),'','','')
> Affected rows: 1
> 时间: 0.004s

图 9-8　使用 INSERT 语句创建新用户

（2）上述语句执行成功后，通过 SELECT 语句验证用户是否创建成功，SQL 语句如下。

```
SELECT Host,User,authentication_string FROM user;
```

验证结果如图 9-9 所示。

信息　结果1　剖析　状态

Host	User	authentication_string
localhost	lily	e10adc3949ba59abbe56e057f20f883e
localhost	mysql.infoschema	A005$THISISACOMBINATIONOFINVALIDSALTAND
localhost	mysql.session	A005$THISISACOMBINATIONOFINVALIDSALTAND
localhost	mysql.sys	A005$THISISACOMBINATIONOFINVALIDSALTAND
localhost	root	
localhost	tom	*6BB4837EB74329105EE4568DDA7DC67ED2CA2AD9

图 9-9　用户 lily 创建成功

（3）从图 9-9 中可以看出，用户 lily 已经创建成功。由于 INSERT 语句执行完毕后，没有自动刷新权限表的功能，因此 lily 用户暂时是不能使用的。可以通过重启 MySQL 服务器或者刷新当前权限表使 lily 用户生效，刷新权限表的 SQL 语句如下。

```
FLUSH PRIVILEGES;
```

执行结果如图 9-10 所示。

信息　剖析　状态

FLUSH PRIVILEGES
> OK
> 时间: 0.014s

图 9-10　MySQL 重新装载权限

上述语句执行成功后，就可以使用 lily 用户来登录 MySQL 数据库了。

9.2.3　修改用户信息

创建好用户后，还可以对用户的名称和密码进行修改。

在 MySQL 中，修改用户的名称可以使用 RENAME USER 语句，其基本语法格式如下。

```
RENAME USER old_username1 TO new_username1[,old_username2 TO new_username2][,…]
```

参数说明如下。

（1）old_username：已经存在的 SQL 用户修改前的旧名称。

（2）new_username：已经存在的 SQL 用户修改后的新名称。

使用 RENAME USER 语句，必须拥有 CREATE USER 权限或 mysql 数据库的 UPDATE 权限。如果旧名称不存在或者新名称已经存在，则会出现错误。

【例 9-6】 将用户 lily 的用户名改为 jack，SQL 语句如下。

```
RENAME USER 'lily'@'localhost' TO 'jack'@'localhost';
```

上述语句执行成功后，通过 SELECT 语句验证用户名是否修改成功，SQL 语句如下。

```
SELECT Host,User,authentication_string FROM user;
```

验证结果如图 9-11 所示。

图 9-11　用户名修改成功

从图 9-11 中可以看出，user 表中的 lily 用户名称被改成了 jack。

用户密码的修改在 2.3.2 节中已经介绍过，此处不再赘述。

9.2.4　删除普通用户

在 MySQL 中，通常会创建多个用户来管理数据库。在使用过程中如果发现某些用户没有存在的必要了，就可以将这些用户删除。在 MySQL 中有两种删除用户的方式。

1. 使用 DROP USER 语句删除用户

使用 DROP USER 语句删除用户时，必须拥有 DROP USER 权限，DROP USER 语句的基本语法格式如下。

```
DROP USER 用户名 1 [,用户名 2]…
```

参数说明如下。

（1）用户名 1：必选项，要删除的用户名称，表示为 USER@HOST 的形式。

（2）[,用户名 2]：可选项，要删除的用户名称，可以使用 DROP USER 命令同时删除多个用户。

【例 9-7】 使用 DROP USER 语句删除 MySQL 数据库用户 tom，SQL 语句如下。

```
DROP USER tom@localhost;
```

执行结果如图 9-12 所示。

上述语句执行成功后，可通过 SELECT 语句验证用户 tom 是否删除成功，SQL 语句如下。

```
SELECT Host,User,authentication_string FROM user;
```

图 9-12　使用 DROP USER 语句删除用户 tom

验证结果如图 9-13 所示。

Host	User	authentication_string
localhost	lily	e10adc3949ba59abbe56e057f20f883e
localhost	mysql.infoschema	A005$THISISACOMBINATIONOFINVALIDSALTAND
localhost	mysql.session	A005$THISISACOMBINATIONOFINVALIDSALTAND
localhost	mysql.sys	A005$THISISACOMBINATIONOFINVALIDSALTAND
localhost	root	

图 9-13　用户 tom 删除成功

从图 9-13 中可以看出，user 表中已经不存在用户 tom 了，说明该用户已经被删除了。

2. 使用 DELETE 语句删除用户

所谓删除用户，就是将 mysql 数据库的 user 表中的一条记录删除，因此，也可以通过 DELETE 语句实现用户删除。使用 DELETE 语句删除 user 表中的数据时，要指定表名为 mysql. user，用户还必须拥有对 mysql. user 表的 DELETE 权限。

DELETE 语句的语法格式如下。

```
DELETE FROM mysql.user WHERE Host = '主机名' AND User = '用户名';
```

参数说明如下。

（1）mysql. user：必选项，mysql. user 是 MySQL 中管理用户信息的表，可以通过 DELETE 语句从这张表中删除数据来删除用户。

（2）Host：必选项，表示用户所在的主机名称。

（3）User：必选项，表示用户的账户。

（4）主机名：必选项，表示所删除用户的主机名称的字符串。

（5）用户名：必选项，表示所删除用户名的字符串。

【例 9-8】　使用 DELETE 语句删除 MySQL 数据库中的用户 lily，SQL 语句如下。

```
DELETE FROM mysql.user WHERE Host = 'localhost' AND User = 'lily';
```

上述语句执行成功后，通过 SELECT 语句验证用户 lily 是否删除成功，SQL 语句如下。

```
SELECT Host, User, authentication_string FROM user;
```

验证结果如图 9-14 所示。

Host	User	authentication_string
localhost	mysql.infoschema	A005$THISISACOMBINATIONOFINVALIDSALTAND
localhost	mysql.session	A005$THISISACOMBINATIONOFINVALIDSALTAND
localhost	mysql.sys	A005$THISISACOMBINATIONOFINVALIDSALTAND
localhost	root	

图 9-14　用户 lily 删除成功

从图 9-14 中可以看出，user 表中已经没有用户 lily 的记录了，说明该用户已经被成功删除。执行 DELETE 命令后也需要使用 FLUSH PRIVILEGES 语句刷新用户权限。

9.3 权限管理

观看视频

在 MySQL 数据库中，为了保证数据的安全性，数据库管理员需要为每个用户赋予不同的权限，以满足不同用户的需求。对权限管理简单的理解就是 MySQL 控制用户只能做权限以内的事情，不可以越界。例如，如果用户只具有 SELECT 权限，那么该用户就只能执行 SELECT 操作，不能执行其他操作。

权限管理主要是对登录到 MySQL 的用户进行权限验证。所有用户的权限都存储在 MySQL 的权限表中。合理的权限管理能够保证数据库系统的安全，而不合理的权限设置会给 MySQL 服务器带来安全隐患。

9.3.1 MySQL 的权限类型

MySQL 数据库中有很多种类的权限，这些权限都存储在 MySQL 数据库的权限表中。表 9-2 列出了 MySQL 中的各种权限。通过权限设置，用户可以拥有不同的权限，合理的权限设置可以保证数据库的安全。

表 9-2 MySQL 的权限信息

权 限 名 称	权 限 范 围	权 限 说 明
CREATE	数据库、表或索引	创建数据库、表或索引的权限
DROP	数据库或表	删除数据库或表的权限
GRANT OPTION	数据车、表或保存的程序	赋予权限选项
REFERENCES	数据库或表	创建外键约束的权限
ALTER	表	更改表的权限，如添加字段、索引等
DELETE	表	删除数据的权限
INDEX	表	添加索引的权限
INSERT	表	插入数据的权限
SELECT	表	查询数据的权限
UPDATE	表	更新数据的权限
CREATE VIEW	视图	创建视图的权限
SHOW VEW	视图	查看视图的权限
ALTER ROUTINE	存储过程、函数	更改存储过程或函数的权限
CREATE ROUTINE	存储过程、函数	创建存储过程或函数的权限
EXECUTE	存储过程、函数	执行存储过程或函数的权限
FILE	服务器主机上的文件	文件访问权限
CREATE TEMPORARY TABLES	表	创建临时表权限
LOCK TABLES	表	锁表权限
CREATE USER	服务器管理	创建用户权限
PROCESS	服务器管理	查看进程权限
RELOAD	服务器管理	执行 flush hosts、flush logs、flush privileges、flush status、flush tables、flush threads、refresh、reload 等命令的权限

续表

权限名称	权限范围	权限说明
REPLICATION CLIENT	服务器管理	复制权限
REPLICATION SLAVE	服务器管理	复制权限
SHOW DATABASES	服务器管理	查看数据库权限
SHUTDOWN	服务器管理	关闭数据库权限
SUPER	服务器管理	执行 kill 线程权限

9.3.2　权限授予

授予权限就是向某个用户赋予某些权限,如可以向新建立的用户授予查询某些表的权限。在 MySQL 中使用 GRANT 关键字为用户设置权限。只有拥有 GRANT 权限,才能执行 GRANT 语句,GRANT 语句的语法格式如下。

```
GRANT 权限列表 [列列表] ON 数据库名.表名
To 用户名 1 [WITH 选项 1[选项 2]…]
```

参数说明如下。

(1) 权限列表:必选项,表示授予的权限的列表,用逗号分隔,ALL PRIVILEGES 用于授予所有权限。

(2) 列列表:可选项,表示权限作用在数据表的哪些列上,如果不指定,则表示权限作用于整张表。

(3) 数据库名.表名:必选项,表示权限作用的数据库名及表名。

(4) 用户名 1:必选项,表示授予权限的用户名,形式是 username@hostname。

(5) [WITH 选项 1[选项 2]…]子句:可选项,用于设置可选参数,这个参数有以下 5 个选项。

① GRANT OPTION:被授权的用户可以将这些权限授予其他用户。

② MAX_QUERIES_PER_HOUR count:设置每小时可以允许执行 count 次查询。

③ MAX_UPDATES_PER_HOUR count:设置每小时可以允许执行 count 次更新。

④ MAX_CONNECTIONS_PER_HOUR count:设置每小时可以允许执行 count 次连接。

⑤ MAX_USER_CONNECTIONS count:设置每个用户可以同时具有的 count 个连接数。

【例 9-9】　使用 GRANT 语句授予 tom 用户对所有数据库的查询、插入权限,并使用 WITH GRANT OPTION 子句授予该用户可将其权限授予给其他用户的权限,GRANT 语句如下。

```
GRANT INSERT,SELECT ON *.* TO 'tom'@'localhost' WITH GRANT OPTION;
```

执行结果如图 9-15 所示。

【例 9-10】　使用 GRANT 语句授予用户 lily 对 jwsystem 数据库的 studentinfo 表的更新权限,GRANT 语句如下。

```
GRANT UPDATE on jwsystem.studentinfo TO lily@localhost;
```

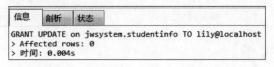

图 9-15　授予 tom 用户对所有数据库的查询、插入权限

执行结果如图 9-16 所示。

图 9-16　使用 GRANT 语句授予更新权限

9.3.3　权限查询

在 MySQL 中，用户的权限存储在 mysql. user 表中，可以使用 SELECT 语句查询 user 表中的用户权限。除此之外，可以使用 SHOW GRANTS 语句查看用户的权限，SHOW GRANTS 语句的语法格式如下。

> SHOW GRANTS FOR 用户名@主机名

参数说明如下。

（1）用户名：必选项，查看权限的用户名。

（2）主机名：必选项，查看权限的用户所在的主机名。

【**例 9-11**】　使用 SHOW GRANTS 语句查看 lily 用户的权限，使用 SHOW GRANTS 语句如下。

> SHOW GRANTS FOR lily@localhost;

执行结果如图 9-17 所示。

```
信息    结果 1    剖析    状态
  GRANTS FOR lily@localhost
  GRANT USAGE ON *.* TO `lily`@`localhost`
► GRANT UPDATE ON `jwsystem`.`studentinfo` TO `lily`@`localhost`
```

图 9-17　使用 SHOW GRANTS 语句查看用户权

9.3.4　权限收回

收回权限就是取消某个用户的某些权限，例如，管理员认为某个用户不应具有 DELETE 权限，可以通过收回该用户的 DELETE 权限，保证数据库的安全。收回权限使用 REVOKE 语句，REVOKE 语句的语法格式如下。

> REVOKE 权限列表 [列列表] ON 数据库名.表名
> FROM 用户名 1, [用户名 2]…;

参数说明如下。

（1）权限列表：必选项，表示收回的权限的列表，用逗号分隔，ALL PRIVILEGES 用于收回所有权限。

（2）列列表：可选项，表示权限作用在数据表的哪些列上，如果不指定，则表示权限作用于整张表。

（3）数据库名.表名：必选项，表示权限作用的数据库名及表名。

（4）用户名1：必选项，表示收回权限的用户名，形式是 username@hostname。

（4）[,用户名2]…子句：可选项，用于同时收回多个用户的权限。

【例9-12】 使用 REVOKE 语句收回用户 lily 对 jwsystem 数据库的 studentinfo 表的更新权限，REVOKE 语句如下。

```
REVOKE UPDATE on jwsystem.studentinfo FROM lily@localhost;
```

执行结果如图 9-18 所示。

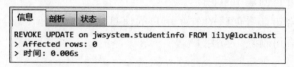

图 9-18 使用 REVOKE 语句收回更新权限

【例9-13】 使用 REVOKE 语句收回用户 lily 的所有权限，REVOKE 语句如下。

```
REVOKE ALL PRIVILEGES on *.* FROM lily@localhost;
```

执行结果如图 9-19 所示。

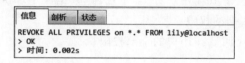

图 9-19 使用 REVOKE 语句收回所有权限

单元小结

本单元主要介绍了 MySQL 数据库安全与管理的相关知识。首先介绍了创建新用户和删除用户的功能，创建和删除用户有多种方法，包括使用 CREATE USER 语句、GRANT 语句、INSERT 语句创建新用户，使用 DROP USER 语句、DELETE 语句删除用户。其次介绍了用户授权的管理，分别介绍了使用 GRANT 语句和 REVOKE 语句授权和回收权限的方法。并介绍了使用 mysqldump 命令备份数据库，使用 mysql 命令恢复数据库。上述方法经常用于 MySQL 数据库的管理和开发过程当中，对于数据库管理和开发人员来说，掌握并熟练使用上述方法非常重要。

单元实训项目

项目一：使用 SQL 语句备份与恢复数据

目的：

掌握利用 SQL 语句对数据库进行备份与恢复。

内容：

（1）在 D 盘创建一个新的备份文件夹 s3_bak。

（2）使用 SQL 语句将"学生选课"数据库中的所有数据备份到 s3_bak 文件夹下。

（3）删除"学生选课"数据库，使用 SQL 命令恢复"学生选课"数据库。

项目二：创建新用户

目的：

掌握使用 SQL 语句进行用户的创建、查看和删除操作。

内容：

（1）使用 SQL 语句创建 test 用户。

（2）使用 SQL 语句查看创建的 test 用户的信息。

（3）使用 SQL 语句删除 test 用户。

项目三：用户权限的授予和收回

目的：

掌握使用 SQL 语句授予和收回用户权限。

内容：

（1）使用 SQL 语句授予 test 用户对"学生选课"数据库中 studentInfo 表、teacher 表的查询、插入、更新和删除数据的权限。

（2）使用 SQL 语句收回 test 用户的全部权限。

单元练习题

一、选择题

1. 下面有关数据库还原的说法中，错误的是（　　）。

　　A. 还原数据库是通过备份好的数据文件进行还原的

　　B. 还原是指还原数据库中的数据，而库是不能被还原的

　　C. 使用 mysql 命令可以还原数据库中的数据

　　D. 数据库中的库是可以被还原的

2. 下列使用 SET 语句将 root 用户的密码修改为 mypwd3 的描述中，正确的是（　　）。

　　A. root 登录到 MySQL，再执行"SET authentication_string=MD5('mypwd3');"

　　B. 直接在 DOS 中执行"SET PASSWORD=password('mypwd3');"

　　C. root 登录到 MySQL，再执行"SET PASSWORD=password(mypwd3);"

　　D. 直接在 DOS 中执行"SET PASSWORD='mypwd3';"

3. 下列选项中，允许为其他用户授权的权限是（　　）。

　　A. ALTER 权限　　　　　　　　　B. GRANT 权限

　　C. RENAME 权限　　　　　　　　D. GRANT USER 权限

4. 下列选项中，用于创建或删除数据库、表、索引的权限有（　　）。（多选）

　　A. DROP 权限　　　　　　　　　B. CREATE 权限

　　C. DELETE 权限　　　　　　　　　　D. DECLARE 权限

二、判断题

　　1. root 用户具有最高的权限,不仅可以修改自己的密码,还可以修改普通用户的密码,而普通用户只能修改自己的密码。　　　　　　　　　　　　　　　　　　　（　　）

　　2. 在安装 MySQL 时,会自动安装一个名为 mysql 的数据库,该数据库中的表都是权限表。　　　　　　　　　　　　　　　　　　　　　　　　　　　　　　　　　（　　）

　　3. 使用 mysql 命令还原数据库时,需要先登录到 MySQL 命令窗口。　　　（　　）

　　4. 在 MySQL 中,为了保证数据库的安全性,需要将用户不必要的权限收回。（　　）

三、简答题

　　1. 简述解决 root 用户密码丢失问题的步骤。

　　2. 简述使用 SHOW GRANTS 语句查询权限信息的基本语法结构。

　　3. 什么是数据库的备份和恢复？为什么要进行数据库的备份？

　　4. 写出为用户授予权限的命令。

　　5. 如果 root 用户的密码泄露,应如何解决？

单元 10

银行业务系统数据库的设计与实现

在线答题

拓展阅读

通过前面单元的学习,读者已经了解了数据库的基础知识,掌握了基于 MySQL 的开发和管理技术。本单元通过一个典型的数据库管理系统——银行业务系统的项目开发,对本书所讲内容进行总结和巩固。

本单元主要学习目标如下:

- 使用 SQL 语句建数据库和表。
- 使用 SQL 语句编程实现用户业务。
- 使用事务和存储过程封装业务逻辑。
- 使用视图简化复杂的数据查询。

10.1 银行业务系统分析

10.1.1 需求概述

某银行是一家民办的小型银行企业,现有十多万名客户。为提高工作效率,该银行将请公司开发一套管理系统,业务操作包括存款、取款和转账,为简化数据库设计和实现,其中转账操作仅实现银行内账户之间的转账,银行职员可以为客户进行账户管理操作,包括创建、注销账户以及修改账户信息。要求保证数据的安全性。

系统要求完成客户要求的功能要求,运行稳定。

10.1.2 问题分析

通过和银行柜台人员的沟通交流,确定该银行的业务描述如下。

(1) 银行为客户提供了各种银行存取款业务,如表 10-1 所示。

表 10-1 银行存取款业务

业 务	描 述
活期	无固定存期,可随时存取,存取金额不限的一种比较灵活的存款
定活两便	事先不约定存期,一次性存入,一次性支取的存款
通知	不约定存期,支取时需提前通知银行,约定支取日期和金额方能支取的存款
整存整取	选择存款期限,整笔存入,到期提取本息的一种定期储蓄。银行提供的存款期限有 1 年、2 年和 3 年

业　　务	描　　述
零存整取	一种事先约定金额,逐月按约定金额存入,到期支取本息的定期储蓄。银行提供的存款期限有 1 年、2 年和 3 年
转账	办理同一币种账户的银行卡之间互相划转

（2）每个客户凭个人身份证在银行可以开设多个银行卡账户。开设账户时,客户需要提供的开户数据如表 10-2 所示。

表 10-2　开设银行卡账户的客户信息

数　　据	说　　明
姓名	必须提供
身份证号	唯一确定用户。由 17 位数字和最后一位数字或字符组成
联系电话	分为座机号码和手机号码 ✿座机号码由数字和"-"构成,有以下两种格式: ◆XXX—XXXXXXXX ◆XXXX—XXXXXXXX ✿手机号码由 11 位数字组成
居住地址	可以选择

（3）银行为每个账户提供一张银行卡,每张银行卡可以存入一种币种的存款。银行保存账户的信息如表 10-3 所示。

表 10-3　银行卡账户信息

数　　据	说　　明
卡号	银行的卡号由 16 位数字组成。其中:一般前 8 位代表特殊含义,如某总行某支行等。假定该行要求其营业厅的卡号格式为 6227 2666 XXXX XXXX,后面 8 位是随机产生且唯一的。每 4 位号码后有空格
密码	由 6 位数字构成,开户时默认为 888888
币种	默认为 RMB,该银行目前尚未开设其他币种存款业务
存款类型	必须选择
开户日期	客户开设银行卡账户的日期,默认为当日
开户金额	客户开设银行卡账户时存入的金额
余额	客户账户目前剩余的金额
是否挂失	默认为"否"

（4）客户持卡在银行柜台或 ATM 上输入密码,经系统验证身份后办理存款、取款和转账等银行业务。

（5）银行在为客户办理存取款业务时,需要记录每一笔交易。银行卡交易信息如表 10-4 所示。

表 10-4　银行卡交易信息

数　　据	说　　明
卡号	银行的卡号由 16 位数字组成
交易日期	交易时的日期和时间
交易金额	必须大于 0

续表

数　据	说　明
交易类型	包括存入和支取两种
备注	对每笔交易进行必要的说明

（6）该银行要求这套软件实现银行客户的开户、存款、取款、转账和余额查询等业务，使银行储蓄业务方便、快捷，同时保证银行业务数据的安全性。

（7）为了使开发人员尽快了解银行业务，该银行提供了银行卡手工账户和存取款单据的样本数据，以供项目开发参考，如表10-5和表10-6所示。

表 10-5　银行卡手工账户信息

账户姓名	王小利	账户姓名	王平顺
身份证号	53010319541223×××	身份证号	53010360011×××
联系电话	0852-688××215	联系电话	1580×××2309
住址	贵州省遵义市虾子镇	住址	贵州遵义市红花岗区
卡号	6227 2666 1010 5112	卡号	6227 0071 1822 6631
存款类型	定期一年	存款类型	活期
开户日期	2019-11-13 15：30：12	开户日期	2020-08-21 09：10：11
开户金额	￥1.00	开户金额	￥1.00
余额	￥2,5132.19	余额	￥1983.89
密码	881248	密码	787542
账户状态		账户状态	挂失

表 10-6　银行卡交易信息的样本数据

交易日期	交易类型	卡号	交易金额	余额	终端机编号
2018-11-21 09：21：16	存入	6227 2666 1010 5112	￥4,000.00	￥4,234.00	1201
2018-12-13 21：18：21	存入	6227 2666 1010 5112	￥1,000.00	￥5,220.00	2305
2018-12-19 10：36：37	支取	6227 2666 7173 8982	￥300.00	￥466.00	2104
2019-01-01 11：08：09	支取	6227 2666 9989 8112	￥2,600.00	￥1,000.00	3482
2019-01-01 13：01：01	存入	6227 2666 9331 9007	￥2,000.00	￥5,800.71	8803
2019-01-01 15：17：16	支取	6227 2666 1010 5112	￥3,000.00	￥1,200.00	1101
2020-01-02 08：09：03	存入	6227 2666 9989 8112	￥4,000.00	￥7,000.00	2305
2021-01-02 09：01：02	存入	6227 2666 1822 6631	￥200.00	￥2,083.89	1101
2021-03-09 13：15：31	支取	6227 2666 1822 6631	￥400.00	￥1,783.89	4482

10.2　银行业务系统设计

10.2.1　数据库设计

1. 创建银行业务系统 E-R 图

任务描述

明确银行业务系统的实体、实体属性，以及实体之间的关系。

提示：

（1）在充分理解银行业务需求后，围绕银行的业务需求进行分析，确认与银行业务系统有紧密关系的实体,并得到每个实体的必要属性。

(2) 对银行业务进行分析,找出多个实体之间的关系。实体之间的关系可以是一对一、一对多、多对多。

银行业务系统 E-R 图如图 10-1 所示。

图 10-1　银行业务系统 E-R 图

2. 将 E-R 图转换为关系模式

按照将 E-R 图转换为关系模式的规则,图 10-1 所示的 E-R 图转换的关系模式如下:

客户(顾客编号,开户名,身份证号,联系电话,居住地址)

银行卡(卡号,密码,开户日期,开户金额,存款类型,余额,是否挂失,币种,客户编号)

交易(银行卡号,交易日期,交易类型,交易金额,终端机编号)

终端机(编号)

对上述关系模式进行优化:"终端机"关系只有一个"编号"属性,而且此属性已经包含在"交易"关系中了,这个关系可以删除。"银行卡"关系中的"存款类型"皆为汉字,会出现大量的数据冗余,为减少数据冗余,可分出一个"存款类型"关系,里面包含"存款类型编号"和"存款类型名称"等属性,将"银行卡"关系中的"存款类型"改变为"存款类型编号"

优化后的关系模式为:

客户(客户编号,开户名,身份证号,联系电话,居住地址)

银行卡(卡号,密码,开户日期,开户金额,存款类型,余额,币种,是否挂失,客户编号)

交易(卡号,交易日期,交易类型,交易金额,终端机编号)

存款类型(存款类型编号,存款类型名称,描述)

3. 规范数据库设计

使用第一范式、第二范式、第三范式对关系进行规范化,使每个关系都要达到第三范式。在规范化关系时,也要考虑软件的运行性能。必要时,可以有悖于第三范式的要求,适当增加冗余数据,减少表间连接,以空间换取时间。

4. 设计表结构

客户表结构如表 10-7 所示。

表 10-7　客户表结构

字 段 名 称	数据类型	含 义	说　　　明
customerID	int	客户编号	自动增量,从 1 开始,主键
customerName	varchar	开户名	必填
PID	char	身份证号	必填,只能是 18 位,唯一约束
telephone	varchar	联系电话	必填,格式为 xxxx-xxxxxxxx、xxx-xxxxxxxx 或 11 位手机号
address	varchar	居住地址	可选输入

银行卡表结构如表 10-8 所示。

表 10-8　银行卡表结构

字段名称	数据类型	含　　义	说　　　明
cardID	char	卡号	必填,主键,银行的卡号规则和电话号码一样,一般前 8 位代表特殊含义,如某总行某支行等。假定该行要求其营业厅的卡号格式为 6227 2666 ×××× ××××,每 4 位号码后有空格,卡号一般随机产生
curID	varchar	币种	外键,必填,默认为 RMB
savingID	tinyint	存款类型	外键,必填
openDate	datetime	开户日期	必填,默认为系统当前日期和时间
openMoney	double	开户金额	必填
balance	double	余额	必填
password	char	密码	必填,6 位数字,开户时默认为 6 个"8"
isReportLoss	char	是否挂失	必填,是/否值,默认为"否"
customerID	int	客户编号	外键,必填

交易表结构如表 10-9 所示。

表 10-9　交易表结构

字段名称	数据类型	含　　义	说　　　明
tradeDate	datetime	交易日期	必填,默认为系统当前日期和时间
cardID	varchar	卡号	外键,必填
tradeType	char	交易类型	必填,只能是存入/支取
tradeMoney	double	交易金额	必填,大于 0
machine	char	终端机编号	客户业务操作的机器编号

存款类型表结构如表 10-10 所示。

表 10-10　存款类型表结构

字段名称	数据类型	含　　义	说　　　明
savingID	tinyint	存款类型编号	自动增量,从 1 开始,主键
savingName	varchar	存款类型名称	必填
descript	varchar	描述	可空

10.2.2　创建数据库、创建数据表、添加约束

1. 创建数据库

任务描述

使用 CREATE DATABASE 语句创建"银行业务系统"数据库 bankDB。

任务要求

创建数据库时要求检测是否存在 bankDB，如果存在，则先删除再创建。

对应的 SQL 语句如下。

```
DROP DATABASE IF EXISTS bankDB;
CREATE DATABASE bankDB;
```

2. 创建数据表

任务描述

根据设计出的"银行业务系统"的数据表结构，使用 CREATE TABLE 语句创建表。

任务要求

创建表时要求检测是否存在同名的表，如果存在，则先删除再创建。

参考代码

```
USE bankDB;
#创建客户表
DROP  TABLE  IF  EXISTS  userInfo;
CREATE TABLE userInfo
(customerID  INT  AUTO_INCREMENT  PRIMARY KEY
customerName  varchar(20)  NOT  NULL,
 PID  char(18)  NOT  NULL,
 telephone  varchar(15)  NOT  NULL,
 address varchar(50));
#创建银行卡表
DROP  TABLE  IF  EXISTS  cardInfo;
CREATE  TABLE  cardInfo
(cardID  char(19)  NOT  NULL,
 curID  varchar(10)  NOT  NULL,
 savingID  INT  NOT  NULL,
 openDate  DATETIME  NOT  NULL,
 openMoney  DOUBLE  NOT  NULL,
 balance  DOUBLE  NOT  NULL,
 password  char(6)  NOT  NULL,
 isReportLoss  char(1)  NOT  NULL,
 customerID  INT  NOT  NULL);
#创建交易表
DROP  TABLE  IF EXISTS  tradeInfo;
CREATE TABLE tradeInfo
(tradeDate  DATETIME  NOT  NULL,
 tradeType  ENUM("存入","支出")  NOT  NULL,
 cardID  char(19)  NOT  NULL,
 tradeMoney  FLOAT  NOT  NULL,
 machine  char(8)  NOT  NULL );
#创建存款类型表
```

```
DROP   TABLE   IF EXISTS   deposit
CREATE TABLE deposit
(savingID   TINYINT   AUTO_INCREMENT PRIMARY KEY ,
 savingName  varchar(20)   NOT   NULL,
 descript varchar(50) );
```

3. 添加约束

任务描述

根据银行业务,分析表中每列相应的约束要求,使用 ALTER TABLE 语句为每张表添加各种约束。

提示：为表添加主外键约束时,要先添加主表的主键约束,然后再添加子表的外键约束。

参考代码

```
/ * deposit 表的约束
SavingID 存款类型号,自动增量,从 1 开始,主键 * /
```

此约束在创建表时已经建立。

```
/ * userInfo 表的约束
customerID 顾客编号,自动增量,从 1 开始,主键
customerName 开户名,必填
PID 身份证号,必填,身份证号唯一约束
telephone 联系电话,必填
address 居住地址,可选输入 * /
```

主键约束在创建表时已经建立。

```
ALTER TABLE userInfo
ADD CONSTRAINT UQ_PID UNIQUE(PID) ; # 给 PID 创建唯一约束
```

```
/ * cardInfo 表的约束
cardID 卡号,必填,主键
curID 币种,必填,默认为"RMB"
openDate 开户日期,必填,默认为系统当前日期
openMoney 开户金额,必填
balance 余额,必填
password 密码,必填,6 位数字,默认为 6 个 8
isReportLoss 是否挂失,必填,是(1)/否(0)值,默认为"否"(0)
customerID 客户编号,必填,表示该卡对应的客户编号,外键,参照客户表的客户编号
savingID 存款类型编号,必填,外键,参照存款类型表的存款类型编号 * /

ALTER TABLE cardInfo ADD CONSTRAINT PK_cardID PRIMARY KEY(cradID);
ALTER TABLE cardInfo ALTER curID SET DEFAULT "RMB";
ALTER TABLE cardInfo MODIFY COLUMN openDate DATETIME NOT NULL DEFAULT CURRENT_TIMESTAMP;
ALTER TABLE cardInfo ALTER password SET DEFAULT "888888";
ALTER TABLE cardInfo ALTER isReportLoss SET DEFAULT 0;
ALTER TABLE cardInfo ADD CONSTRAINT FK_customerID FOREIGN KEY(customerID) REFERENCES userInfo
(customerID);
ALTER TABLE cardInfo ADD CONSTRAINT FK_ savingID FOREIGN KEY( savingID) REFERENCES deposit
(savingID);
```

```
/ * tradeInfo 表的约束
```

```
tradeType  必填
cardID  卡号,必填,外健,可重复索引
tradeMoney  交易金额,必填
tradeDate  交易日期,必填,默认为系统当前日期
machine  终端机编号,必填
cardID 和 tradeDate 合起来做主键
*/
ALTER TABLE tradeInfo ADD CONSTRAINT PK_cardID_tradeInfo
PRIMARY KEY(cardID,tradeDate);
ALTER TABLE tradeInfo ADD CONSTRAINT FK_cardID
FOREIGN KEY(cardID) REFERENCES cardInfo(cardID);
ALTER TABLE tradeInfo MODIFY COLUMN tradeDate DATETIME NOT NULL DEFAULT CURRENT_TIMESTAMP;
CREATE INDEX IX_cardID ON tradeInfo(cardID);
```

10.2.3 插入测试数据

任务描述

使用 SQL 语句向数据库中已经创建的每张表中插入测试数据。在输入测试数据时,卡号由人工指写,暂不随机产生。向相关表中插入如表 10-11 所示的开户信息。

表 10-11 客户的开户信息

姓名	身份证号	联系电话	地 址	开户金额	存款类型	卡 号
张三	52210119601221××××	0852-654××214	贵州省贵阳市乌当区	1000	活期	6227 2666 1234 5678
李四	53010319831020××××	0852-643××123	贵州省遵义市汇川区	6000	定期一年	6227 2666 5678 1234
王五	43052419851130××××	0852-861××675	贵州省遵义市汇川区	8000	活期	6227 0071 1060 0159
赵六	52212519861130××××	0852-861××675	贵州省遵义市汇川区	3000	定期一年	6227 0071 1020 0158
钱七	52011519921120××××	0852-863××675	贵州省遵义市汇川区	2500	活期	6227 0072 1020 0148

插入交易信息:张三的卡号(6227 2666 1234 5678)取款 600 元,李四的卡号(6227 2666 5678 1234)存款 5000 元,王五的卡号(6227 0071 1060 0159)存款 5000 元,赵六的卡号(6227 0071 1020 0158)取款 2000 元,钱七的卡号(6227 0072 1020 0148)存款 1000 元。要求保存交易记录,以便客户查询和银行业务统计。

例如:当张三取款 900 元时,会向交易信息表(tradeInfo)中添加一条交易记录,同时应自动更新银行卡表(cardInfo)中的现有余额(减少 900 元),先假定手动插入更新信息。

任务要求

(1) 插入各表中的数据要保证业务数据的一致性和完整性。

(2) 如客户持银行卡办理存款和取款业务时,银行要记录每笔交易账目,并修改该银行卡的存款余额。

(3) 每张表至少要插入 3~5 条记录。

提示:为了保证主外键的关系,建议先插入主表中的数据,再插入子表中的数据。

客户取款时需要记录"交易账目",并修改存款余额。需要分为以下两步完成。

(1) 在交易表中插入交易记录。

```
INSERT INTO tradeInfo(tradeType,cardID,tradeMoney)
VALUES('支取', '6227 2666 1234 5678',900);
```

（2）更新银行卡信息表中的现有余额。

```
UPDATE cardInfo SET balance = balance - 900
WHERE cardID = '6227 2666 1234 5678';
```

客户存款时需要记录"交易账目"，并修改存款余额。需要分为以下两步完成。
（1）在交易表中插入交易记录。

```
INSERT INTO tradeInfo(tradeType,cardID,tradeMoney)
VALUES('存入', '6227 2666 5678 1234',5000);
```

（2）更新银行卡信息表中的现有余额。

```
UPDATE cardInfo SET balance = balance + 5000
WHERE cardID = '6227 2666 5678 1234';
```

参考代码

```
/ * 存款类型 * /
INSERT INTO deposit(savingName,descript) VALUES('活期','按存款日结算利息')
INSERT INTO deposit(savingName,descript) VALUES('定期一年','存款期1年')
INSERT INTO deposit(savingName,descript) VALUES('定期二年','存款期2年')
INSERT INTO deposit(savingName,descript) VALUES('定期三年','存款期3年')
INSERT INTO deposit(savingName) VALUES('按定活两便')
INSERT INTO deposit(savingName,descript) VALUES''零存整取一年','存款期1年')
INSERT INTO deposit(savingName,descrip) VALUES('零存整取二年','存款期2年')
INSERT INTO deposit(savingName,descrip) VALUES('零存整取三年','存款期3年')
INSERT INTO deposit(savingName,descrip) VALUES('存本取息五年','按月取利息')
SELECT * FROM deposit

/ * 客户信息 * /
INSERT INTO userInfo(customerName,PID,telephone,address)
    VALUES('张三','130101601221321','010 - 12345678','北京海淀');
INSERT INTO cardInfo(cardID,savingID,openMoney,balance,customerID)
    VALUES('6227 2666 1234 5678',1,1000,1000,1)

I INSERT INTO userInfo(customerName,PID,telephone,address)
VALUES("李四","410103198310206548","0371 - 64322123","河南省郑州市金水区");
INSERT INTO cardInfo(cardID,savingID,openMoney,balance,customerID)
    VALUES('6227 2666 5678 1234',2,6000,6000,2)

INSERT INTO userInfo(customerName,PID,telephone,address)
VALUES("王小平","410201897506093622","13503714678","河南省郑州市中原区");
INSERT INTO cardInfo(cardID,savingID,openMoney,balance,customerID)
    VALUES('6227 2666 1212 1004',2,5000,5000,3)

INSERT INTO userInfo(customerName,PID,telephone)
VALUES("赵潭","320311196909111356","18638711126");
INSERT INTO cardInfo(cardID,savingID,openMoney,balance,customerID)
VALUES('6227 2666 1267 1778',3,1000,1000,4);

INSERT INTO userInfo(customerName,PID,telephone,address)
VALUES("何钢","140221199303101622","17703711321","山西省太原市杏花岭区");
INSERT INTO cardInfo(cardID,savingID,openMoney,balance,customerID)
VALUES("6227 2666 6767 9988",3,100,100,5);
```

```
SELECT * FROM userInfo
SELECT * FROM cardInfo

/* ---------------- 交易表插入交易记录 ---------------------------- */
INSERT INTO tradeInfo(tradeType,cardID,tradeMoney)
    VALUES('支取', '6227 2666 1234 5678',900);
/* ------------- 更新银行卡表中的现有余额 -------------------- */
UPDATE cardInfo SET balance = balance - 900 WHERE cardID = '6227 2666 1234 5678';

INSERT INTO tradeInfo(tradeType,cardID,tradeMoney)
    VALUES('存入','6227 2666 1212 1004',300);
UPDATE cardInfo SET balance = balance + 300 WHERE cardID = '6227 2666 1212 1004';

INSERT INTO tradeInfo(tradeType,cardID,tradeMoney)
    VALUES('存入', '6227 2666 1267 1778',1000);
UPDATE cardInfo SET balance = balance + 1000 WHERE cardID = '6227 2666 1267 1778';

INSERT INTO tradeInfo(tradeType,cardID,tradeMoney)
    VALUES('支取','6227 2666 5678 1234',1900);
UPDATE cardInfo SET balance = balance - 1900 WHERE cardID = '6227 2666 5678 1234';

INSERT INTO tradeInfo(tradeType,cardID,tradeMoney)
    VALUES('存入','6227 2666 6767 9988',5000);
UPDATE cardInfo SET balance = balance + 5000 WHERE cardID = '6227 2666 6767 9988';

/* -------- 检查测试数据是否正确 --------- */
SELECT * FROM cardInfo
SELECT * FROM tradeInfo
```

10.2.4 编写 SQL 语句实现银行的日常业务

1. 修改客户密码

任务描述

修改张三(卡号为 6227 2666 1234 5678)银行卡密码为"123456",修改李四(卡号为 6227 2666 4312 3455)银行卡密码为"123123"。

参考代码

```
/* ------- 修改密码 ----- */
UPDATE cardInfo SET passord = '123456' WHERE cardID = '6227 2666 1234 5678';
UPDATE cardInfo SET passWord = '123123' WHERE cardID = '6227 2666 5678 1234';
# 查询账户信息
SELECT * FROM cardInfo;
```

2. 办理银行卡挂失

任务描述

李四(卡号为 6227 2666 5678 1234)因银行卡丢失,申请挂失。

参考代码

```
/* --------- 挂失账号 --------- */
# 李四(卡号为 6227 2666 5678 1234)因银行卡丢失,申请挂失
UPDATE cardInfo SET isReportLoss = 1 WHERE cardID = '6227 2666 5678 1234';
```

```
SELECT * FROM cardInfo

♯查看修改密码和挂失结果
SELECT cardID 卡号,curID 货币,savingName 储蓄种类,openDate 开户日期,
       openMoney 开户金额,balance 余额,password 密码,
       CASE isReportLoss
            WHEN 1 THEN '挂失'
            WHEN 0 THEN '未挂失'
       END 是否挂失,customerName 客户姓名
FROM cardInfo INNER JOIN deposit ON cardInfo.savingID = deposit.savingID
INNER JOIN userInfo ON cardInfo.customerID = userInfo.customerID;
```

3. 查询本周开户信息

任务描述

查询本周开户的卡号,查询该卡的相关信息。

提示：DATE_SUB()函数从日期减去指定的时间间隔,其语法格式如下。

```
DATE_SUB(date,INTERVAL expr type)
```

参数说明如下。

(1) date：合法的日期表达式。

(2) expr：指定的时间间隔。

(3) type：间隔类型,有 microsecond、second、minute、hour、day、week、month、year 等。

参考代码

```
/* --------- 查询本周开户的卡号,显示该卡的相关信息 ------------------ */
SELECT c.cardID 卡号,u.customerName 客户姓名,c.curID 货币,d.savingName 存款类型, c.openDate
开户日期,c.openMoney 开户金额,c.balance 存款余额,
CASE c.isReportLoss
     WHEN 1 THEN '挂失账户'
     WHEN 0 THEN '正常账户'
 END 账户状态
FROM cardInfo c INNER JOIN userInfo u ON c.customerID = u.customerID
INNER JOIN deposit d ON c.savingID = d.savingID
WHERE openDate > DATE_SUB(CURDATE(),INTERVAL 1 WEEK);
```

4. 查询本月交易金额最高的卡号

任务描述

查询本月存、取款交易金额最高的卡号信息。

提示：在交易信息表中,采用子查询和 DISTINCT 去掉重复的卡号。

参考代码

```
/* --------- 查询本月交易金额最高的卡号 ------------ */
SELECT DISTINCT cardID FROM tradeInfo
WHERE tradeMoney = (SELECT MAX(tradeMoney) FROM tradeInfo
                    WHERE tradeDate > DATE_SUB(CURDATE(),INTERVAL 1 MONTH));
```

5. 查询挂失客户

任务描述

查询挂失账号的客户信息。

提示：利用子查询 IN 的方式或内部连接 INNER JOIN。

参考代码

```
/* ---------- 查询挂失账号的客户信息 ----------- */
SELECT customerName 客户名称,telephone 联系电话 FROM userInfo
WHERE customerID IN(SELECT customerID FROM cardInfo WHERE isReportLoss = 1);
```

6.催款提醒业务

任务描述

根据某种业务(如代缴电话费、代缴手机费等)的需要,每个月末,如果发现客户账上余额少于 200 元,则由银行统一致电催款。

提示：利用连接查询或子查询。

参考代码

```
/* ------ 催款提醒：根据某种业务的需要,每个月末,如果发现用户账上余额少于 200 元,则由银行统一致电催款. --- */
SELECT customerName 客户名称,telephone 联系电话,balance 存款余额
FROM userInfo INNER JOIN cardInfo ON cardInfo.customerID = userInfo.customerID
WHERE balance < 200;
```

10.2.5 创建、使用视图

任务描述

为了向客户提供友好的用户界面,使用 SQL 语句创建下面几个视图,并使用这些视图查询输出各表的信息。

(1) view_user：输出银行客户记录。

(2) view_card：输出银行卡记录。

(3) view_trade：输出银行卡的交易记录。

任务要求

显示的列名全为中文。

参考代码

```
#1.创建视图：为了向客户显示信息友好,查询各表要求字段全为中文字段名
DROP VIEW IF EXISTS view_user;
CREATE VIEW view_user  #客户表视图
AS
SELECT customerID as 客户编号,customerName as 开户名, PID as 身份证号,
        telephone as 电话号码,address as 居住地址   from userInfo;

#使用视图
SELECT * FROM view_user;

#2.创建视图：查询银行卡信息
DROP VIEW IF EXISTS view_card;
CREATE VIEW view_card
AS
SELECT c.cardID 卡号,u.customerName 客户姓名,c.culID 货币种类,d.savingName 存款类型,c.
openDate 开户日期,c.balance 存款余额,c.password 密码,
```

```
    CASE c.isReportLoss
        WHEN 1 THEN '挂失'
        WHEN 0 THEN '正常'
    END 账户状态
FROM cardInfo c INNER JOIN userInfo u ON c.customerID = u.customerID
INNER JOIN deposit d ON c.savingID = d.savingID;
#使用视图
SELECT * FROM view_card;

#3.创建视图：查看交易信息
DROP VIEW IF EXISTS view_trade;
CREATE VIEW view_trade
AS
SELECT tradeDate as 交易日期, tradeType as 交易类型, cardID as 卡号, tradeMoney as 交易金额,
machine as 终端机编号 FROM tradeInfo;
#使用视图
SELECT * FROM view_trade;
```

10.2.6　使用事务和存储过程实现业务处理

1. 完成存款或取款业务

任务描述

（1）根据银行卡号和交易金额，实现银行卡的存款和取款业务。

（2）每一笔存款、取款业务都要记入银行交易账，并同时更新客户的存款余额。

（3）如果是取款业务，在记账之前，要查看存款余额是不是小于0。如果是，说明存款余额不够取，则取消本次取款操作。

任务要求

编写一个存储过程完成存款和取款业务，并调用存储过程进行取钱或存钱的测试。测试数据是：张三的卡号支取300元，李四的卡号存入500元。

提示：在存储过程中使用事务，以保证数据操作的一致性。取款之后，如果余额小于0，则回滚事务。

参考代码

```
/* -- 1.取款或存款的存储过程 */
DROP PROCEDURE IF EXISTS trade_proc
DELIMITER //
CREATE PROCEDURE trade_proc(IN t_type CHAR(2), IN t_money DOUBLE, IN card_id char(19), IN m_id
CHAR(8))
MODIFIES SQL DATA
BEGIN
  DECLARE ye DOUBLE;
  START TRANSACTION;
  IF(t_type = "支取") THEN
    INSERT INTO tradeInfo(tradeType, cardID, tradeMoney, machine)
VALUES(t_type, card_id, t_money, m_id);
    UPDATE cardInfo SET balance = balance - t_money WHERE cardID = card_id;
    SELECT balance INTO ye FROM cardInfo WHERE cardID = card_id;
    IF(ye < 0) THEN
      SELECT "余额不足";
```

```
         ROLLBACK;
      ELSE
         COMMIT;
      END IF;
    END IF;
    IF(t_type = "存入")
  THEN
      INSERT INTO tradeInfo(tradeType,cardID,tradeMoney,machine)
  VALUES(t_type,card_id,t_money,m_id);
      UPDATE cardInfo SET balance = balance + t_money WHERE cardID = card_id;
      COMMIT;
  END IF;
  END; //
DELIMITER ;
```

2. 产生随机卡号

任务描述

创建存储过程产生 8 位随机数字,与前 8 位固定的数字"6227 2666"连接,生成一个由 16 位数字组成的银行卡号,并输出。

提示:使用随机函数生成银行卡后 8 位数字。

随机函数的用法:

```
RAND(随机种子)
```

将产生 0～1 的随机数,要求每次的随机种子不一样。为了保证随机种子每次都不相同,一般采用的算法是:

随机种子＝当前的月份数×100000＋当前的分钟数×1000＋当前的秒数×100

产生了 0～1 的随机数后,取小数点后 8 位,即 0.xxxxxxxx。

参考代码

```
/* -- 产生随机卡号的存储过程(用当前月份数\当前分钟数\当前秒数乘以一定的系数作为随机种
子) -- */
DROP PROCEDURE IF EXISTS use_randCardID;
DELIMITER //
CREATE PROCEDURE use_randCardID(OUT randCardID char(19))
BEGIN
  DECLARE r DECIMAL(15,8);
  DECLARE tempStr CHAR(10);
  SELECT RAND((MONTH(NOW()) * 100000) + (MINUTE(NOW()) * 1000) + SECOND(NOW()) * 10) INTO r;
  SET tempStr = CONVERT(r,CHAR(10));
  SET randCardID = CONCAT('6227 2666 ',SUBSTRING(tempStr,3,4),' ',
SUBSTRING(tempStr,7,4));
END; //
DELIMITER ;
#测试产生随机卡号
SET @kh = "";
CALL usp_randCardID(@kh);
SELECT @kh;
```

3. 统计银行资金流通余额和盈利结算

任务描述

存入代表资金流入，支取代表资金流出。

计算公式：资金流通金额＝总存入金额－总支取金额

假定存款利率为千分之三，贷款利率为千分之八。

计算公式：盈利结算＝总支取金额×0.008－总存入金额×0.003

提示：定义两个变量存放总存入金额和总支取金额。使用 sum()函数进行汇总，使用转换函数 convert()。

参考代码

```
DELIMITER //
CREATE PROCEDURE profit_proc(OUT yl DOUBLE)
READS SQL DATA
 BEGIN
  DECLARE l_in DOUBLE;
  DECLARE l_out DOUBLE;
  SELECT sum(tradeMoney) INTO l_in FROM tradeInfo WHERE tradeType = "存入";
  SELECT sum(tradeMoney) INTO l_out FROM tradeInfo WHERE tradeType = "支取";
  SET yl = l_out * 0.008 - l_in * 0.003;
 END; //
DELIMITER ;
```

4. 利用事务实现转账

任务描述

使用事务和存储过程实现转账业务。操作步骤如下。

（1）从某一个账户中支取一定金额的存款。

（2）将支取金额存入另一个指定的账户中。

（3）将交易信息保存到交易表中。

参考代码

```
/*转账的存储过程。
现实中的 ATM 依靠读卡器读出转账人的银行卡号,通过界面输入被转账人的卡号,这里直接模拟输入。*/
DROP PROCEDURE IF EXISTS use_tradefer;
DELIMITER //
CREATE PROCEDURE use_tradefer
(IN out_id CHAR(19),IN in_id CHAR(19),IN z_je DOUBLE,IN m_id CHAR(8))
MODIFIES SQL DATA
BEGIN
 DECLARE ye DOUBLE;
 DECLARE err INT DEFAULT 0;
 DECLARE err1 INT DEFAULT 0;
 DECLARE CONTINUE HANDLER FOR SQLEXCEPTION SET err1 = 1;
 IF NOT EXISTS(SELECT * FROM cardInfo WHERE cardID = in_id) THEN
   SELECT '被转账人账户不存在';
   SET err = err + 1;
 END IF;
 SELECT balance INTO ye FROM cardInfo WHERE cardID = out_id;
 IF(ye < z_je) THEN
```

```
          SELECT '账户余额不够';
           SET err = err + 1;
       END IF;
       IF(err = 0) THEN
         START TRANSACTION;
         UPDATE cardInfo SET balance = balance - z_je WHERE cardID = out_id;
         UPDATE cardInfo SET balance = balance + z_je WHERE cardID = in_id;
         INSERT INTO tradeInfo(tradeType,cardID,tradeMoney,machine) VALUES("支取",out_id,z_je,m_id);
         INSERT INTO tradeInfo(tradeType,cardID,tradeMoney,machine) VALUES("存入",in_id,z_je,m_id);
         IF(err1 = 1) THEN
             SELECT err1;
             ROLLBACK;
         ELSE
             COMMIT;
         END IF;
       END IF;
      END;    //
   DELIMITER ;
   #测试上述事务存储过程
   #从李四的账户转账 2000 元到张三的账户
   CALL usE_tradefer ,'123123',@card2,2000
   SELECT * FROM vw_userInfo
   SELECT * FROM vw_cardInfo
   SELECT * FROM vw_tradeInfo
```

10.3 进度记录

开发进度表如表 10-12 所示。

表 10-12　开发进度表

项　　目	开发完成时间	测试通过时间	备　　注
数据库设计			
创建数据库、创建数据表、添加约束			
插入测试数据			
常规业务设计			
创建、使用视图			
使用存储过程实现业务处理			
利用事务实现转账			

参 考 文 献

[1] 萨师煊,王珊.数据库系统概论[M].3 版.北京:高等教育出版社,2000.

[2] 张素青,孙杰.SQL Server 2008 数据库应用技术[M].北京:人民邮电出版社,2013.

[3] 武洪萍,马桂婷.MySQL 数据库原理及应用[M].北京:人民邮电出版社,2014.

[4] 马俊,袁暋.SQL Server 2012 数据库管理与开发[M].北京:人民邮电出版社,2016.

[5] 北京阿博泰克北大青鸟信息技术有限公司职业教育研究院.优化 MySQL 数据库设计[M].北京:科学技术文献出版社,2011.

[6] 孔祥盛.MySQL 数据库基础与实例教程[M].北京:人民邮电出版社,2014.

[7] 杨学全.SQL Server 实例教程[M].2 版.北京:电子工业出版社,2007.

[8] 李立功,祖晓东.SQL Server 2008 项目开发教程[M].北京:电子工业出版社,2012.

[9] 黑马程序员.MySQL 数据库原理、设计与应用[M].北京:清华大学出版社,2019.